zum Nachdenken

Ansprachen bei feierlichen Sitzungen und Abschiedsrede

von

Peter Schuster

ISBN 978-3-7001-7109-6

Druck und Bindung: Prime Rate kft., Budapest

http://hw.oeaw.ac.at/7109-6
http://verlag.oeaw.ac.at

Inhalt

Ansprache am 23. Mai 2007

Ansprache am 14. Mai 2008

Ansprache am 13. Mai 2009

Abschiedsrede am 19. Juni 2009

Kurzbiographie von Peter Schuster

Peter Schuster wurde am 7. März 1941 in Wien geboren und promovierte im Jahre 1967 an der Universität Wien in den Fächern Chemie und Physik zum Dr. phil. Er arbeitete anschließend als postdoktoraler Wissenschaftler am Max Planck-Institut für Physikalische Chemie in Göttingen. Im Jahre 1973 folgte er einem Ruf nach Wien und wurde zum Ordinarius für Theoretische Chemie an der Universität Wien ernannt. Seit damals ist er Vorstand des gleichnamigen Instituts mit einer Unterbrechung von vier Jahren 1992–1995, in welchen er in Jena das Institut für Molekulare Biotechnologie, das heutige Fritz Lippmann-Institut für Altersforschung als Gründungsdirektor aufbaute. In seinen frühen Arbeiten beschäftigte er sich mit intermolekularen Kräften, insbesondere mit Wasserstoffbrücken und Ion-Wasser Wechselwirkungen, die für die Struktur von Biomolekülen von maßgeblicher Bedeutung sind. Sein späteres Hauptarbeitsgebiet wurde die Computersimulation von Evolutionsvorgängen auf molekularem Niveau. Zusammen mit Manfred Eigen begründete und entwickelte er die Theorie der Quasispezies und des Hyperzyklus. In Zusammenhang mit Evolutionsfragen interessierte er sich insbesondere für die Strukturen von Ribonukleinsäuremolekülen und führte das Konzept der neutralen Netzwerke für die Sequenz-Strukturbeziehungen von Biopolymeren ein. Zur Zeit analysiert er auch Genregulationsnetzwerke mit konventionellen und inversen mathematischen Methoden für dynamische Systeme. Er ist Träger zahlreicher Auszeichnungen und erhielt unter anderem den Erwin Schrödinger-Preis der Österreichischen Akademie der Wissenschaften (ÖAW) und den Philip Morris-Forschungspreis. Er war Vizepräsident der ÖAW in den Jahren 2000 bis 2003 und Präsident in den Jahren 2006 bis 2009. Peter Schuster ist Mitglied zahlreicher ausländischer Akademien unter anderem der Deutschen Akadmie der Naturforscher, Leopoldina, der Academia Europaea (London) und der National Academy of Sciences der USA.

Ansprache des Präsidenten[1]

Was heißt und zu welchem Ende benötigt man eine Akademie der Wissenschaften? Die Germanisten und die Liebhaber der deutschen Klassik mögen mir verzeihen, dass ich mir anmaße, meinen Worten eine Überschrift in Anlehnung an eine der berühmtesten deutschen Antrittsvorlesungen zu geben. Meine Freunde aus der Geschichtsforschung ersuche ich um Nachsicht dafür, dass ich auf ihrem Fachgebiet ein wenig dilettieren werde.

Was heißt eine Akademie der Wissenschaften? Bereits die Analyse des Ursprungs des Wortes „Akademia" führt auf Unerwartetes für den mit der Antike nicht Vertrauten. Der Name leitet sich ab von dem athenischen Helden „Akademos", einer Gestalt aus der griechischen Mythologie, die in Plutarchs Theseusgeschichte beschrieben wird. Akademos soll die Stadt vor der Zerstörung durch Helenas Zwillingsbrüder Kastor und Polydeukes errettet haben. Für diese Heldentat wurde ihm ein heiliger Olivenhain vor den Toren Athens gewidmet. Um 388 v. Chr. kaufte Platon diesen Olivenhain und richtete in dem Garten ein Diskussionsforum für seine Schüler ein. Die etwas später von Platon auf diesem Gelände errichtete Schule erhielt nach der Bezeichnung für den ehemals heiligen Ort den Namen Akademia. In der Phantasie des Malers Raphael entstand das Fresco „Die Schule von Athen", welches sich in den „Stanzen" genannten vatikanischen Gemächern befindet. Interessanterweise zeigt Raphael Gestalten der altgriechischen Geistesgeschichte aus mehr als drei Jahrhunderten als Zeitgenossen in der Platoni-

---

[1] Dieser Text wurde mit Fußnoten versehen, die Informationsmaterial enthalten, das während der Rede projiziert wurde.

schen Akademie – man könnte dies als eine Gesamtschau der Philosophie der Antike sehen. Ein zweites interessantes Detail: Die gestikulierenden, erklärenden und arbeitenden Geistesgrößen – als alt und weise dargestellt – sind überall von jüngeren Personen umgeben, die an dem Diskurs aktiv teilnehmen. Dass auf dem Fresco keine Frauen zu sehen sind, spiegelt die antike Gesellschaft wider. Die Akademie Platons löste sich bald nach Platons Tod auf. Eine dauerhafte Einrichtung der Antike, für die der heutige Akademiebegriff zutreffend ist, war die berühmte „Alte Bibliothek" von Alexandria: Sie wurde im Jahr 288 v. Chr. gegründet und bildete 700 Jahre lang eine tolerante Stätte der Begegnung von Gelehrten, Wissenschaftern und interessierten Bürgern aus dem hellenistischen Kulturkreis mit den Traditionen Asiens und Ägyptens.

Die Bezeichnung „Akademie der Wissenschaften" für Gesellschaften von Gelehrten findet man erst wieder zu Beginn der Neuzeit und dann vor allem im heutigen Italien, wo zahlreiche allerdings nur kurzlebige Vereinigungen gelehrter Personen entstanden. Die älteste Gesellschaft, die dem Namen nach noch heute besteht, ist die im Jahre 1603 in Rom gegründete „Accademia dei Lincei". In ihrer bewegten Geschichte wurde sie mehrfach geschlossen und wieder zu neuem Leben erweckt. Im Jahre 1870 wurde sie geteilt in die „Pontificia Academia Scientiarum" und die „Accademia Nationale dei Lincei". In der zweiten Hälfte des 17. Jahrhunderts kam es zu den Gründungen der heute noch bestehenden Akademien wie der Leopoldina, der Royal Society, der Académie française oder der Académie des Sciences, in denen sich Gelehrte zum Gedankenaustausch und gemeinsamen Forschungen zusammenfanden. Auf den Einfluss vom Gottfried Wilhelm Leibniz geht die Gründung der „Kurfürstlich-Brandenburgischen Societät der Wissenschaften", der späteren „Königlich-Preußischen Akademie der Wissenschaften" zurück. Leibniz hatte sich auch am Habsburgischen Kaiserhof bemüht, die Gründung einer Akademie der Wissenschaften in die Wege zu leiten. Hier aber ohne Erfolg.

Die Gründung unserer Akademie erfolgte erst viel später und zwar als „Kaiserliche Akademie der Wissenschaften in Wien" im Jahre 1847 genau vor 160 Jahren. Bemerkenswerterweise war die Wiener Akademie auch eine der letzten Gründungen einer Akademie im Kaiserreich. Frühere Gründungen waren erfolgt in Brüssel 1769, in Prag 1776, in Budapest 1825 und in Zagreb 1836. Aus der Festschrift zur Geschichte der Akademie während der ersten fünfzig Jahre ihres Bestandes[2] entnehmen wir, dass Finanzierungsprobleme der Akademie schon vor der Gründung erläutert wurden. Die in einem Gutachten vom 29. März 1838 gemachten phantasievollen Lösungsvorschläge des Dekans der philosophischen Fakultät der Universität Wien, Joseph Johann von Littrow – von seiner Fachrichtung her Astronom und Mathematiker – geben aus heutiger Sicht Anlass zum Schmunzeln: Die Akademie sollte aus dem Kalendermonopol oder durch Erhöhung des Kalenderstempels finanziert werden. Ein Stammvermögen sollte durch den Verkauf von Ehrenmitgliedschaften an Personen aus den begüterten und höheren Ständen gebildet werden. Die Feierliche Sitzung ist nicht der Ort, um über Finanzprobleme zu sprechen und wir sind für den ersten Schritt der Konsolidierung des Akademiebudgets durch das Bundesministerium für Wissenschaft und Forschung dankbar, aber viel Phantasie benötigen das Präsidium und insbesondere der Herr Generalsekretär auch heute noch, um mit den vorhandenen Mitteln die geplanten Forschungen durchführen zu können. Vor 160 Jahren als Kaiserliche Akademie der

---

[2] Alfons Huber, Generalsekretär der Kaiserlichen Akademie. Geschichte der Gründung und der Wirksamkeit der Kaiserlichen Akademie der Wissenschaften während der ersten fünfzig Jahre ihres Bestandes. In Commission bei Carl Gerold's Sohn, Buchhändler der Kaiserlichen Akademie der Wissenschaften, Wien 1897.

Wissenschaften in Wien gegründet, wurde die Akademie vor
60 Jahren, im Jahre 1947, in Österreichische Akademie umbe-
nannt. Die Akademie hat dieser Namensänderung voll Rechnung getragen: Ihre Einrichtungen finden sich heute nahezu auf
das gesamte Bundesgebiet verteilt.[3]

Die Akademien wurden vorerst als Gelehrtengesellschaften
gegründet und hatten vornehmlich die Aufgabe, die Arbeiten
ihrer Mitglieder zu unterstützen, und als von Politik und kommerziellen Interessen unabhängiges Beratungsgremium zu fun-
gieren. Um dieser Aufgabe nachkommen zu können, wurden sie
von den Monarchen mit einem Autonomiestatut bedacht, welches
auch eine gewisse finanzielle Zuwendung mit einschloss. Regelmäßige Druckschriften wurden herausgegeben, welche die Publikationen der Mitglieder ebenso wie die Veröffentlichung der
bei den Sitzungen gehaltenen Vorträge umfassten. Ein Merkmal
der Kaiserlichen Akademie in Wien war es, dass ihre Publika-
tionsorgane auch Nichtmitgliedern offen standen, wenn eine
Empfehlung von Mitgliedern vorlag. Die Akademien übernahmen
Langzeitaufgaben wie die Erstellung umfangreicher Werke,
zum Beispiel Wörterbücher oder Biographische Lexika. In den
Erdwissenschaften betreuten sie Expeditionen. Um 1900 entstanden die ersten außeruniversitären Forschungsinstitute und
diese wurden oftmals in die Hände von Akademien gelegt.
Manche Gelehrtengesellschaft wurde auf diese Weise auch Forschungsträger. Einige Akademien waren schon bei der Gründung auf einen Teil der Wissensgebiete beschränkt, beispielsweise sind in der Royal Society nur Mathematik und Naturwis-

---

[3] Die Geschichte und die Entwicklung der Österreichischen Akademie der Wissenschaften werden unter anderem beschrieben in: Otto Hittmair und Herbert Hunger
(Hrsg.), Akademie der Wissenschaften. Entwicklung einer Österreichischen For-
schungsinstitution. Verlag der Österreichischen Akademie der Wissenschaften,
Wien 1997, und Hedwig Kopetz, Die Österreichische Akademie der Wissenschaften. Aufgaben, Rechtsstellung, Organisation. Böhlau-Verlag, Wien 2006.

senschaften vertreten, die Académie française widmet sich nur der Pflege der französischen Sprache, die Leopoldina trägt den Namen Deutsche Akademie der Naturforscher. Sie hat sich erst in letzter Zeit um Fachbereiche aus den Sozial- und Kulturwissenschaften erweitert. Andere Akademien teilten sich im Laufe ihres Bestehens in mehrere Nachfolgeakademien auf. Gerade in der heutigen Zeit ist es ein großer Vorteil, wenn sich eine Akademie wie die Österreichische Akademie der Wissenschaften für das gesamte Spektrum der Wissenschaften zuständig fühlt. Lösungen der großen Probleme unserer Zeit sind nicht möglich ohne eine Zusammenarbeit von Geistes-, Gesellschafts- und Naturwissenschaften, Mathematik, Medizin und technischen Wissenschaften.

Wozu benötigt man heute eine Akademie der Wissenschaften? Fast alle Akademien wie auch die Österreichische erfüllen als Gelehrtengesellschaften die Aufgabe eines unabhängigen Ratgebers für Politik und Öffentlichkeit in Fragen der Wissenschaft. In den heutigen an Komplexität zunehmenden Gesellschaften wird Beratung immer wichtiger und erfordert Beiträge aus allen Bereichen des Wissens. Die im „European Academies Science Advisory Council" – EASAC – tätigen Repräsentanten aus vielen Europäischen Akademien, unter anderem auch aus der Österreichischen Akademie der Wissenschaften, tun dies auf europäischer Ebene. Einige Akademien sind gleichzeitig Forschungsträger und betreiben eigene wissenschaftliche Einrichtungen. Zur Beantwortung der Frage nach der Zweckmäßigkeit solcher Organisationsstrukturen möchte ich drei Feststellungen mit Argumenten unterlegen.

1. Außeruniversitäre von Erkenntnis getriebene Forschung ist unverzichtbar. Das wichtigste Merkmal der Universitäten ist die Einheit von Lehre und Forschung. Dies hat zur Konsequenz, dass eine ganze Reihe von Forschungsaufgaben an Universitäten nicht oder nur schwer durchgeführt werden kann. Zu solchen

Aufgaben zählen einsichtigerweise Langzeitvorhaben, welche nicht in die normalen Zeitspannen eines Universitätsbetriebes eingebaut werden können. Beispiele sind die Erarbeitung von biographischen Lexika oder umfangreiche Archivierungen wie jene des Phonogrammarchivs der Akademie. Andere für Universitäten minder geeignete Forschungsrichtungen sind solche, die internationale Zusammenarbeit in großem Stil erfordern. Dies ist bei der Weltraumforschung oder der Hochenergiephysik der Fall. Wieder andere Beispiele sind die nachhaltige Einführung neuer Wissensgebiete, die an Universitäten zumeist unüberwindliche Schwierigkeiten hervorrufen, und mehrjährige Forschungen mit ausländischen Wissenschaftern, wenn sie regelmäßige Gastaufenthalte benötigen. Aber auch wenn alle diese Voraussetzungen fehlen sollten, gibt es einen guten Grund, Spitzenforscher von den administrativen Verpflichtungen einer Universität und von routinemäßiger Lehre – im Englischen würde man „Undergraduate teaching" dazu sagen – weitestgehend zu entlasten. Rogers Hollingsworth, ein Historiker und Wissenschaftsjournalist von der University of Wisconsin in Madison, hat einen Artikel über die Erfolgsgeschichte der Rockefeller University in New York verfasst. Seit ihrer Gründung im Jahre 1901 haben 23 Mitarbeiter dieser Universität Nobelpreise erhalten. Er sagt dazu ganz klar:

> „The more functions an individual … tries to fulfill, the more unlikely it is to achieve excellence in all or even in one. Scientists who teach a lot have less time for research."[4]

---

[4] J. Rogers Hollingsworth, Institutionalizing Excellence in Biomedical Research. The Case of the Rockefeller University. In: D. H. Stapelton (ed.), Creation a Tradition of Biomedical Research. Contributions to the History of the Rockefeller University. The Rockefeller University Press, 17–63, New York 2004.

In den USA gibt es eine Lösung dieses Problems: Privatpersonen oder Stiftungen finanzieren sogenannte „Named Chairs" für Spitzenforscher, welche dadurch von der Routine freigekauft werden. Die kontinentaleuropäische Lösung besteht darin, Forschungsinstitute außerhalb von Universitäten anzusiedeln. Dies heißt nicht, dass die Wissenschafter von der universitären Lehre ferngehalten werden, aber sie sollen zu Gunsten ihrer Leistung in der Forschung entlastet werden. Die Max-Planck-Institute in Deutschland sind ebenso wie die Akademieinstitute in Österreich in die universitäre Lehre über die agierenden Personen eingebunden.

2. *Spitzenleistungen in der Forschung benötigen Unabhängigkeit von politischen und kommerziellen Einflussnahmen.* Rogers Hollingsworth, den ich mir erlaube nochmals zu zitieren, hält in seinem Essay über die Erfolgsgeschichte der Rockefeller University in New York drei Bedingungen für große Entdeckungen und Innovationen fest:[4]

(i)   Flexibilität und flache Hierarchien,
(ii)   ein Höchstmaß an Unabhängigkeit und Freude am Risiko und
(iii) große kulturelle Vielfalt.

Spitzenforschung, wenn sie zu wirklichen Innovationen führen soll, findet nur statt, wenn kurzfristige kommerzielle Interessen unterdrückt werden. Hiezu gibt es ein eindrucksvolles Beispiel, welches von politischer Einflussnahme ganz frei ist und die pharmazeutischen Konzerne zurzeit sehr beschäftigt. Die Entwicklung neuer Produkte auf dem Heilmittelsektor steht vor dem Dilemma, dass trotz immens gestiegener Forschungs- und Entwicklungskosten von den großen Firmen zu wenige neue Produkte entwickelt werden und dass dieses Manko nicht mehr

lange durch Aufkaufen kleiner Firmen und Einlizenzieren von
Produkten in frühen Phasen der Erprobung wettgemacht werden
kann. Ein kürzlich erschienener Artikel von Pedro Cuatrecasas
analysiert das Problem.[5] Der Autor weiß wovon er spricht: Er ist
ein höchst zitierter Wissenschafter, war in der akademischen
Forschung tätig, erwarb Erfahrung im Management von Indust-
rieforschung als „Chief Executive Officer" von zwei pharmazeutischen Betrieben, die zu den größten der Welt zählen, und
ist jetzt nach seiner Pensionierung Professor an der University
of California in San Diego. Seine Analyse ist ziemlich einfach:
Als Folge einer strukturellen Umgestaltung in den Leitungs-
zentralen der globalisierten Konzerne – Wissenschafter wurden
weitestgehend durch Manager ohne relevante wissenschaftliche
Ausbildung ersetzt – hat sich die pharmazeutische Industrie seit
den Achtzigerjahren an kurzfristigen Gewinnen für die Aktionäre
orientiert, die traditionell starke pharmazeutisch-chemische
Forschung vernachlässigt und die Wissenschafter nur für die
Entwicklung von Produkten eingesetzt, die kurzfristig hohen
Gewinn versprachen. Fazit: Den immens angestiegenen For-
schungs- und Entwicklungskosten steht eine immer geringere
Anzahl neuer eingeführter Produkte gegenüber. Einige viel
versprechende Pharmaka, so genannte „Blockbuster", wurden
wegen Nebenwirkungen zu Problemfällen und nur wenige andere Produkte finden sich in der „Pipeline".

Über die Probleme politischer Einflussnahme auf die Wissenschaft, so meine ich, braucht man nicht viele Worte zu ver-
lieren: Von den Absonderlichkeiten der Deutschen Physik und
der Sowjetischen Genetik spannt sich ein weiter Bogen bis zu
den westlichen Großforschungseinrichtungen, welche fast nie
das wissenschaftliche Niveau und die Leistungsfähigkeit unab-

---

[5] Pedro Cuatrecasas, Drug Discovery in Jeopardy. Journal of Clinical Investiga-
tions, 116/11 (2006), 2837–2842.

hängiger oder weitestgehend unabhängiger Forschungsinstitute erreichten.

3. Große Innovationen kommen von Entdeckungen fernab des „Mainstreams" der Wissenschaft. Ein ehemaliger Präsident des Österreichischen Fonds zur Förderung der Wissenschaftlichen Forschung sagte:

> „Es gibt nicht Grundlagenforschung und angewandte Forschung, es gibt nur angewandte Forschung und zurzeit noch nicht angewandte Forschung."

Ich füge diesem Satz noch hinzu: Große Innovationen folgen fast immer einer Einbahnstraße von der Entdeckung im Bereich akademischer Forschung zur Erfindung und weiter zur technologischen Innovation. Erst später erfolgt die Rückwirkung vom Markt auf die Erfindungen und Entdeckungen. Angewandte Forschung und industrielle Entwicklung schöpfen aus dem Reservoir der Entdeckungen, welches die nur von Erkenntnis getriebene Forschung befüllt. Als Beispiele erwähne ich die zwei wichtigsten neuen Schlüsseltechnologien des 20. Jahrhunderts: Die „Computer Chip"-Technologie und die Gentechnik.

Mit der Entwicklung der Elektronenröhren, Dioden- und Triodenröhren, waren um 1910 alle notwendigen Bauteile für Radio- und Fernsehapparate vorhanden und die Verwendung von Halbleitern war mit Ausnahme der Detektoren fürs erste nicht von unmittelbarem Interesse. Der erste Transistor entstand in der kompetitiven, aber durchaus auf Erkenntnis orientierten und von unmittelbarem finanziellem Erfolgsdruck freien Forschungskultur der weltberühmten Bell-Laboratories.[6] Als die späteren Nobelpreisträger John Bardeen, William Shockley und Walter Brattain ihre Entdeckungen und Erfindungen bei Bell

---

[6] Ernest Braun und Stuart MacDonald, Revolution in Miniature. The History and Impact of Semiconductor Electronics, 2nd Edition. Cambridge University Press, Cambridge (UK) 1982.

machten, konnte niemand auch nur im Entferntesten erraten, dass ihre Arbeiten zu einer wahren Revolution im Computerbau führen sollten. Durch die bei Transistoren aber nicht bei Elektronenröhren mögliche Miniaturisierung gelang es, ungeheuer große Zahlen von Schaltelementen auf kleinstem Raum unterzubringen:[6] Der historische 80486 Chip vereinigte eine Million Transistoren auf etwa einem Quadratzentimeter und war im Jahre 1990 eines der Spitzenprodukte, der Spitzenreiter im Jahre 2004 ist der Itanium 2 Chip mit fast einer Milliarde von integrierten Transistoren. Ein interessanter Gesichtspunkt ist auch, dass Silicon Valley seine Existenz nicht dem Venture-Kapital, sondern der Förderung durch das U. S. Department of Defense verdankt, welches investierte, um kleinere Computer für die Raumfahrt und für militärische Zwecke zu erhalten.

Die Gentechnik[7] ist auch nicht aus der „Mainstream-Biochemie" entstanden. Die Basis für die heutigen Methoden wurde durch die Entdeckung spezieller DNA-Schneideenzyme, der so genannten Restriktionsnukleasen, gelegt, welche von den akademischen Forschern Werner Arber, Daniel Nathans und Hamilton Smith, weit abseits aller industriellen Forschung, entdeckt worden waren. Ich erwähne zwei gentechnisch hergestellte Pflanzen: Der leuchtenden Tabakpflanze wurde das Gen des Glühwürmchens für das Protein Luciferase eingepflanzt, wodurch sie Licht emittiert. Das Leuchten wird als leicht identifizierbarer Marker für das gelungene Experiment verwendet. Der „goldene Reis" produziert Provitamin A, das in seinen Körnern deponiert wird und kann helfen chronischen Vitaminmangel in der dritten Welt zu bekämpfen. Für jene von Ihnen, die mit der pflanzlichen Gentechnik nicht glücklich sind, möchte ich zur

---

[7] John C. Avise, The Hope, Hype, and Reality of Genetic Engineering: Remarkable Stories from Agriculture, Industry, Medicine, and the Environment. Oxford University Press, Oxford (UK) 2004.

Bedeutung gentechnischer Methoden hinzufügen, dass heute gentechnisch in Bakterien hergestellte Produkte wie menschliches Insulin, Erytropoetin und andere wichtige hochentwickelte Heilmittel aus der modernen Medizin nicht mehr wegzudenken sind.[7]

Freisein von Belastungen, die unproduktiv sind für die Forschung, Unabhängigkeit von wissenschaftsfremden Einflüssen und Möglichkeit zu geförderten Arbeiten abseits der Hauptforschungsrichtungen, so könnte man zusammenfassen, bilden den Boden, auf welchem die großen Entdeckungen gemacht werden und die wirklichen Innovationen gedeihen. Akademien besitzen ein hohes Maß an gesetzlich geregelter Autonomie, nicht zuletzt, um ihren Beratungsfunktionen nachkommen zu können. Besonders in kleinen Ländern ist es für die öffentliche Hand schwierig, neue unabhängige Forschungseinheiten einzurichten. Es erscheint nahe liegend zu versuchen, die Autonomie der Akademie zusammen mit dem in der Gelehrtengesellschaft vorhandenen Wissen für unabhängige akademische Forschung zu nützen und damit die genannten Voraussetzungen zu schaffen.

Die Österreichische Akademie als Forschungsträger und die geplante Reform. Das Experiment „Akademie als Gelehrtengesellschaft und Forschungsträger", meine Damen und Herren, ist bereits erfolgreich gelaufen. Die Österreichische Akademie nimmt beginnend mit 1910 und in immer stärker werdenden Maße seit 1965 Aufgaben als Forschungsträger wahr. Gemessen an der Zahl der Institute und Forschungsstellen wuchs die Akademie in zwei Expansionsphasen zu ihrer heutigen Größe: Die erste Phase umfasste die Zeit von 1965 bis 1980, die Zahl der Einrichtungen stieg von einem Institut, dem seit 1910 bestehenden Radiuminstitut, auf 16 an und aus dieser Zeit stammen die Vorgänger der heutigen Institute für Demographie, Byzanzforschung, Stadt- und Regionalforschung, Hochenergiephysik, Weltraumforschung und Molekularbiologie, um nur ein paar

Beispiele zu nennen. Eine zweite Phase des Wachstums begann
in den Neunzigerjahren und reichte bis in unser Jahrhundert
hinein. Die Zahl der Forschungsstellen und Institute verdoppelte
sich und beträgt heute 33.[3] Neugründungen gab es unter anderem
auf den Gebieten Europäisches Schadenersatzrecht, Europäische
Integrationsforschung, Iranistik, Biomedizinische Alternsfor-
schung, Molekulare Biotechnologie und Medizin, Quanteninformation und Angewandte Mathematik. Die Leistungsfähigkeit unserer Einrichtungen, ihre Erfolge und ihre Reputation in
der internationalen Wissenschaft sollen hier nicht besprochen
werden. Sie sind an anderen Stellen ausreichend dokumentiert.
Die Österreichische Akademie der Wissenschaften hat sich in
etwa vierzig Jahren von einer reinen Gelehrtengesellschaft zum
größten Träger der außeruniversitären, akademischen Forschung
in Österreich gewandelt. Anpassungen von Strukturen und Ent-
scheidungsabläufen sind schon allein wegen der geänderten
Aufgaben unvermeidbar, zum anderen stammt vieles noch aus
der Zeit der Gründung und entspricht nicht den heutigen Vorstellungen von Verwaltung. Vor zwei Jahren wurde eine Reformdiskussion begonnen, die nunmehr in Form der Neufassung der
juridischen Grundlagen der Akademie und deren Implementierung fortgesetzt wird. Am Ende dieser Umorganisation soll eine
Akademie stehen, welche mit neuem Schwung den nächsten
Jahrzehnten ohne Besorgnis entgegensehen kann, eine Akademie,
welche die Einheit von Forschungsträger und Gelehrtengesellschaft mit modernen Verwaltungsstrukturen verbindet, welche
die Wissenschaft in ihrem Streben nach Spitzenleistung voll
unterstützen.

Worin bestehen die Eckpfeiler der Akademiereform? Zum
Ersten wurden und werden zu kleine Forschungseinheiten zu
Zentren zusammengefasst, eine weitere Internationalisierung
der Beratungs- und Evaluierungsgremien wurde eingeleitet. Die
Akademie hatte und hat in Sachen Evaluierung eine Vorreiter-

rolle in Österreich inne – regelmäßige Evaluierungen aller Einrichtungen sind seit 1995 vorgeschrieben. Die wichtigsten Ziele bleiben nach wie vor Qualitätssicherung und Qualitätssteigerung der in den Einrichtungen durchgeführten Forschungen. Durch Einbeziehung einiger Grundsätze der „Corporate Governance" in die Entscheidungsabläufe und durch Einrichtung einer von außen nachvollziehbaren Kontrolle der Verwendung der nicht unbeträchtlichen öffentlichen Mittel werden die Vorgänge in der Akademie transparenter gestaltet. Den einzelnen Einrichtungen soll mehr Unabhängigkeit mit gleichzeitig gesteigerter Verantwortung eingeräumt werden. Probleme mit der Altersstruktur der Mitglieder haben alle Akademien in nahezu gleicher Weise. Sie finden eine einfache Erklärung in der rasanten Entwicklung der modernen Wissenschaft und in der erfreulicherweise steigenden Lebenserwartung der Menschen. Eine wichtige Notwendigkeit besteht daher in dem Einbeziehen junger bereits ausgewiesener Wissenschafter und Wissenschafterinnen in die Arbeit der Akademie. Ähnlich sollen auch unsere korrespondierenden Mitglieder im Inland besser eingebunden werden. Versuche zur verstärkten Wahl junger qualifizierter Kräfte werden ebenfalls überlegt. Die erfreulicherweise stetig und stark ansteigende Zahl renommierter Wissenschafterinnen wird sich zweifellos auch bald in einer Erhöhung der Zahl weiblicher Akademiemitglieder wieder spiegeln!

An den Schluss stelle ich den Dank an den Herrn Bundespräsidenten Dr. Fischer für das Wahrnehmen seiner Schirmherrnfunktion für die Akademie, an unseren Senat und seine Vorsitzende, die Erste Nationalratspräsidentin Mag. Prammer für tatkräftige Unterstützung in der Öffentlichkeit und Beratung, an den Herrn Bundesminister Dr. Hahn und alle Beamten seines Ressorts für die stete Unterstützung in finanzieller und ideeller Hinsicht sowie für die Bemühungen zu einer erfolgreichen Überleitung des Finanzierungsbedarfes der zweiten Expansionsphase der Akademie in ein ordentliches Budget. Ein solches Budget sollte auch eine mittelfristige Planungssicherheit und den für zukünftige Entwicklungen notwendigen finanziellen Spielraum geben. Besonderer Dank gilt dem Rat für Forschung und Technologieentwicklung und der Nationalstiftung, die beide den Projekten der Akademie stets positiv gegenüberstanden und die Mittel für die Neugründungen und den Betrieb in den ersten Jahren empfohlen haben. Allen zuständigen Behörden sei schließlich gedankt für die Hilfestellung bei der Durchführung des nicht einfachen Umstrukturierungsprozesses, welcher zu einer noch leistungsfähigeren und für die Anforderungen der Zukunft besser gerüsteten Akademie führen wird.

Ansprache des Präsidenten

Welche Voraussetzungen benötigt Spitzenforschung und woran kann man ihre Ergebnisse messen?
Die Diskussion um Exzellenzstrategien, Exzellenzeinrichtungen und Exzellenzmaße beherrscht die Wissenschaftsszene in vielen europäischen Ländern. In Deutschland werden Universitäten auf Grund ihrer wissenschaftlichen Leistungen ausgewählt und zu Eliteuniversitäten nominiert in der Absicht, ihre internationale Position durch gezielte Förderung weiter ausbauen zu können. Frankreich reorganisiert den *Centre National de la Recherche Scientifique,* um einen effizienteren Einsatz der Forschungsmittel zu ermöglichen. In Österreich wird mit ISTA ein Institut für Postgraduiertenausbildung für hohe Ansprüche eingerichtet, die Einrichtung von Exzellenzclustern wird vorhandene Stärken in der Grundlagenforschung stärken und die Österreichische Akademie der Wissenschaften ist im Begriff einen Reformprozess umzusetzen, der unter anderem den Forschungsträger Akademie noch stärker in Richtung Spitzenforschung profilieren soll. Die öffentliche Hand gibt beachtliche und steigende Summen an Steuergeldern für Forschung aus. Bundesminister Hahn hat in einer gemeinsamen Veranstaltung mit Bundeskanzler Gusenbauer und Vizekanzler Molterer vor wenigen Monaten die Absicht bekundet, die Förderungsquote für die Grundlagenforschung bis zum Jahr 2020 auf 1 % des BIP ansteigen zu lassen. Auf der Basis des für 2008 geschätzten Bruttoinlandsproduktes ergibt sich daraus eine zu erwartende Summe von 2,9 Milliarden Euro. Die Umsetzung dieses ehrgeizigen Planes bringt große Chancen für die universitäre und außeruniversitäre erkenntnisorientierte Forschung, bedingt aber gleichzeitig die Verantwortung, die

Mittel so effizient einzusetzen, dass die, in vielen Bereichen der Forschung noch immer bestehende Lücke zwischen Österreich und der Weltspitze geschlossen wird. Diese einmalige Situation legt es nahe, sich auch bei der heutigen Festlichen Sitzung der Akademie mit Spitzenforschung zu befassen. Ich tue dies in Form von zwei Fragen.

Welche Voraussetzungen benötigt Spitzenforschung?

Wissenschaftliche Ideen sind das Produkt einzelner Köpfe und haben mit Institutionen zunächst nur insofern zu tun, als von diesen entschieden wird, ob den Köpfen ein stimulierendes Umfeld geboten wird. Neben ausreichender Infrastruktur wie Bibliotheken, kommunikationsfreundlichen Einrichtungen und Publikationsunterstützung ist der Faktor Zeit das wichtigste Gut für Forschung in den Geistes-, Sozial- und Kulturwissenschaften. Der Deutsche Wissenschaftsrat empfiehlt daher in seinem Papier zur Entwicklung und Förderung der Geisteswissenschaften in Deutschland, dass Voraussetzungen dafür geschaffen werden, damit Wissenschafter ein ausreichendes Maß an Zeit für ihre individuell und kooperativ organisierten Forschungsvorhaben zur Verfügung haben. Dies soll ermöglicht werden durch zeitlich befristete Entlastung von Lehre und Selbstverwaltung. Der dringende Bedarf an Einrichtungen, welche den Wissenschaftern Zeit geben können zum Nachdenken und zum Gedankenaustausch mit ihren Kollegen, ist seit langem bekannt. Ihm wurde weltweit Rechnung getragen durch die Gründung von zumeist privat finanzierten kleinen Einheiten, welche häufig den Namen ‚Institut für höhere Studien' tragen. Eine der ersten Gründungen dieser Art ist das 1930 gegründete und durch Namen wie Albert Einstein, Kurt Gödel, Robert Oppenheimer, John von Neumann oder Hermann Weyl geprägte *Institute for Advanced Study* in Princeton. Ein Charakteristikum für den Erfolg dieses Instituts und anderer ähnlicher Einrichtungen ist die Disziplinen übergreifende Ausrichtung der Forschungen. Das

Institut in Princeton besteht aus vier Abteilungen, der *School of Historical Studies*, der *School of Mathematics,* der *School of Natural Sciences* und der *School of Social Science.* Beispiele anderer erfolgreicher Gründungen sind das 1958 gegründete *Institut des Hautes Études Scientifiques* in Bures sur Yvette in Frankreich, das 1984 gegründete *Santa Fe Institute* in Santa Fe, New Mexico, das 1999 gegründete *Perimeter Institute* in Waterloo, Onterio, Kanada oder die 2003 gegründete *European Media Laboratory Research*-Stiftung in Heidelberg, Deutschland. In Österreich fallen zwei Einrichtungen, die bei ihrer Gründung noch einem zweiten Zweck dienen sollten, in dieselbe Klasse: Das 1963 mit dem Ziel einer Rückholung von Wissenschaftern, die durch die Nationalsozialisten vertrieben worden waren, gegründete Institut für Höhere Studien in Wien und das 1972 gegründete *International Institute for Applied Systems Analysis* in Laxenburg, welches ursprünglich für den Gedankenaustausch von Forschern aus Ländern von beiden Seiten des Eisernen Vorhangs gedacht war. Einige Merkmale haben diese Einrichtungen gemeinsam: Nur eine kleine Zahl an permanent am Ort tätigen Wissenschaftern, zahlreiche kurz- und mittelfristige Besucher und keine Laboratorien für Experimentalarbeiten. Sie haben alle einen guten Zugang zur wissenschaftlichen Literatur und heute im Zeitalter der Computersimulationen sind sie gut mit Rechnerleistung ausgestattet. Garantie für das hohe Niveau der Forschung und der Leistungen solcher kleiner Einrichtungen sind die Köpfe, die für die Mitarbeit gewonnen werden.

Das elektronische Zeitalter gestaltet das menschliche Wissen um. In weiten Bereichen der Wissenschaft kann der Forscher vom Computer auf seinem Schreibtisch aus Zugang zu einem großen Teil aller wissenschaftlichen Arbeiten erhalten. Auf Knopfdruck kann er die Publikationen auf seinem Bildschirm lesen. Jeder Forscher, der sich in der konventionellen Art seine Literatur in Bibliotheken beschafft, hat in der äußerst kompetitiven Kultur

der heutigen Wissenschaft einen entscheidenden Wettbewerbs-
nachteil, nicht zu sprechen von einigen neuen elektronischen
Journalen, die gar nicht mehr in einer Druckversion erscheinen.
Zum Thema der elektronischen Literatur schreibt der Biblio-
theksleiter der Medizinischen Universität Wien im STANDARD
vom 7. Mai: „Wir müssen mit den Lücken leben". Besorgt macht
diese Aussage nicht wegen des akuten Finanzierungsproblems
der elektronischen Literatur, besorgt macht sie wegen der resi-
gnierenden Haltung eines der für die wissenschaftlichen Bibliotheken des Landes Verantwortlichen. Wissen ist das wichtigste
Gut unserer Zeit oder wie der Titel des jüngst von Bernd-Olaf
Küppers erschienenen Buches zum Ausdruck bringt: „Nur Wissen
kann Wissen beherrschen". Die Deutsche Forschungsgemein-
schaft DFG hat ein Programm zur Versorgung aller Universitäten mit elektronischer Literatur gestartet. Die Schweiz führt ein
nationales Projekt zur Versorgung des akademischen Bereiches
mit dem erwerbbaren elektronischen Wissen durch, die *Knowledge
Exchange Group* plant Nationallizenzen abzuschließen. Ihr gehören
Mitglieder aus Großbritannien, Deutschland, den Niederlanden
und Dänemark an. Österreich müsste auch in diesem Bereich aktiv
werden.

Naturwissenschaften, technische Fächer und Medizin können
ohne Experimentalarbeiten oder Feldstudien nicht betrieben
werden und wir erwarten hier grundsätzlich andere Voraussetzungen für den Forschungsbetrieb. Bedingt dies auch eine andere
Größe der Einrichtungen? Im Jahre 1962 schreibt Otto Warburg,
einer der bedeutendsten deutschen Biochemiker, Nobelpreisträger und Direktor des Max-Planck-Instituts für Zellphysiologie
in Berlin einen Brief an den Senatsdirektor Friedrich Rau, in
welchem er Maßnahmen vorschlägt, die Berlin wieder zu einer
Stätte der Naturwissenschaften machen sollen. Seiner Vorstellung
nach soll ein Forschungsinstitut aus einem Direktor, zwei Assi-
stenten, zwei Technikern und zwei Mechanikern bestehen und

mit einer Fläche von 200 m² das Auslangen finden. Er schließt mit den Worten: „Ich weiß, dass nur wenige bereit sind, auf die Dauer von morgens bis abends in einem Laboratorium zu arbeiten. Andrerseits gibt es keinen anderen Weg zum Erfolg. Auch ist der freiwillige Verzicht auf die breitere, abwechslungsreichere und dankbarere Tätigkeit an einer Universität der beste Test auf Eignung zum Forscher." (Zitat Ende). Warburg war zu diesem Zeitpunkt 79 Jahre alt und in seinen Anschauungen vom Bild des erfolgreichen Wissenschafters durch seinen eigenen Erfolg als Einzelgänger geprägt, aber, wie ich aus eigener Erinnerung her weiß, wurde die gesamte Naturwissenschaft zu Beginn der Sechzigerjahre des vorigen Jahrhunderts von für heutige Begriffe kleinen Gruppen gestaltet, welche um eine Forscherpersönlichkeit zentriert waren. Ausnahmen im Sinne größerer Einheiten gab es in sehr arbeitsintensiven Fächern wie der Organischen Chemie und der Pharmaforschung. Die Ergebnisse wurden in aus heutiger Sicht langen Zeitschriftenartikeln veröffentlicht, die ein bis drei Autoren hatten. Nur sehr selten gab es auch mehr Verfasser.

In den nicht ganz 50 Jahren, die seit dem zitierten Brief Warburgs vergangen sind, hat sich die Landschaft der Grundlagenforschung in einigen naturwissenschaftlichen Disziplinen stark umgestaltet. Den Beginn machte die Hochenergiephysik: Um kleinste Teilchen entdecken zu können, wurden immer höhere Energien und damit immer größere Beschleuniger notwendig, deren Baukosten die Finanzierungsmöglichkeiten durch einzelne Staaten Europas überstiegen. Im Jahre 1953 wurde der *Conseil Européen pour la Recherche Nucléaire* – CERN – von 12 europäischen Staaten gegründet und nahm seine Tätigkeit in Genf nahe der schweizerisch-französischen Grenze auf. CERN beschäftigt zur Zeit etwa 3.000 Mitarbeiter und 6.500 Teilchenphysiker und Techniker aus aller Welt arbeiten als Gäste an den Programmen des CERN mit. Im Herbst heurigen Jahres fällt der Startschuss für ein neues Programm auf dem *Large Hadron Collider* – LHC – in Genf. Die Ausmaße dieser neuen Maschine sind gigantisch: Der Beschleunigertunnel hat eine Länge von 27,5 km, die Anlage einen Durchmesser von 9 km und die zu beschleunigenden Teilchen werden bei einem Umlauf viermal die Grenze zwischen der Schweiz und der EU passieren. Die europaweite oder amerikaumspannende Zusammenarbeit hat die Publikationskultur auf dem Gebiet der Teilchenphysik neu gestaltet. Wissenschaftliche Artikel werden von einigen hundert Autoren verfasst, zwanzig und mehr wissenschaftliche Einrichtungen tragen zu einer Arbeit bei und, wie mir ein befreundeter Teilchenphysiker aus den USA erzählte, für ein Autorentreffen muss eine Stadthalle gemietet werden.

Mein zweites Beispiel entnehme ich der Europäischen Molekularbiologie. Im Jahre 1974 gründete die *European Molecular Biology Organisation* – EMBO – ein Institut EMBL in Heidelberg, um eine europaumspannende Forschungseinrichtung auf dem Gebiet der Molekularbiologie zu schaffen. Zwanzig europäische Staaten und Israel finanzieren das Laboratorium. Es beschäftigt 800 Mitarbeiter in Heidelberg und unterhält vier Tochtereinrichtungen für Bioinformatik in Hinxton bei Cambridge, UK, für Strukturbiologie in Hamburg und Grenoble, um mit den Synchrotronquellen und Reaktorzentren DESY, ESRF und ILL zusammenarbeiten zu können und eine große Einrichtung für Mausbiologie in Monterotondo bei Rom.

Seit dem Beginn des Projektes zur Sequenzierung des menschlichen Genoms im Jahre 1990 hat sich eine neue Art von Großforschung etabliert. Zahlreiche Laboratorien auf der ganzen Welt schließen sich zu großen, zumeist von den verschiedenen Staaten finanzierten Aufgaben zusammen und teilen die anfallenden Arbeiten im Konsens auf. Die Publikationen erfolgen über Autorenkollektive, die an Größe jene der Teilchenphysik übersteigen. An einer Veröffentlichung im Rahmen des

ENCODE-Projektes arbeiteten 409 Wissenschafter aus 80 Einrichtungen mit.

Neben Teilchenphysik und Genomforschung gibt es noch andere Bereiche der Wissenschaft, in denen viele Aufgaben nur mit Großforschung angegangen werden können. Ich erwähne nur noch die Weltraumforschung, die in Österreich durch ein Akademieinstitut in Graz vertreten ist. Hier können die Geräteentwicklungen und Messvorhaben des Instituts nur in weltweiten Kooperationen gemeinsam mit den europäischen, amerikanischen, russischen oder chinesischen Raumfahrtszentren realisiert werden. Die heutige Naturwissenschaft hat sich in einigen Bereichen Aufgaben zugewandt, die nur mehr in großen Kollektiven erfüllt werden können. Österreich beteiligt sich an diesen Großforschungen – seiner Größe entsprechend und manchmal ein wenig zögernd – durch Mitgliedschaft bei den Internationalen Einrichtungen und durch die Beiträge seiner Wissenschafter, die zum Großteil an Akademieinstituten tätig sind. Ich fand es für die Astronomie besonders wichtig, dass kürzlich Bundesminister Hahn den Beitritt Österreichs zur Finanzierung eines neuen Riesenteleskops an der Europäischen Südsternwarte – ESO – bekannt gegeben hat.

Der überwiegende Teil der Forschung wird – man ist versucht zu sagen glücklicherweise – nicht in so großem Rahmen durchgeführt. Dennoch haben wir es in den Naturwissenschaften, in den technischen Wissenschaften und in der Medizin fast überall mit fächerüberspannenden Projektgruppen zu tun, die sich zu gemeinsamen Arbeiten zusammenfinden und als Autorenkollektiv publizieren. Was Otto Warburg aus der Sicht eines so erfolgreichen Einzelgängers völlig ignorierte, war die Notwendigkeit zum Dialog zwischen den Wissenschaftern. Hinter diesem Bedarf an gegenseitiger Befruchtung durch Ideenaustausch steht die Forderung nach kritischer Masse. Der Campus Dr. Bohrgasse in Wien – um ein Beispiel zu geben – ist heute international sichtbar und ein weltweit angesehener Konkurrent in den *Life Sciences* geworden. Eine Voraussetzung zum Erfolg war sicherlich das kompromisslose Streben nach Exzellenz der Direktoren des von Boehringer-Ingelheim finanzierten Forschungsinstituts für Molekulare Pathologie, Max Birnstiel, Kim Nasmyth und Barry Dixon, eine andere war ohne Zweifel das Ansiedeln weiterer Forschungseinrichtungen der Wiener Universitäten und zweier einschlägig tätiger Akademieinstitute, die nach demselben Grundsatz kompromisslosen Strebens nach Exzellenz geführt werden: Es sind dies das Institut für Molekulare Biotechnologie mit Josef Penninger als Direktor, und das von Dieter Schweizer aufgebaute Gregor-Mendel-Institut für Molekulare Pflanzenbiologie. Die Ansiedlung von Firmen folgte dann fast von selbst.

Wieder wurde das Wort „Exzellenz" gebraucht und das legt die Überleitung zu meiner zweiten Frage nahe.

Woran kann man die Ergebnisse der Forschung messen?
Eine nach Effizienz strebende Verteilung von Mitteln für die Forschung muss sich an dem Erfolg von Projekten oder an dem zu erwartenden Erfolg geplanter Vorhaben orientieren. Wie aber lässt sich Forschung messen? Die Publikationsdatenbank des *Institute for Scientific Information* – ISI – der Thomson Reuters Corporation wird von vielen als Standard der Bibliometrie in den Naturwissenschaften angesehen. Seit einigen Jahren gibt es auch erfolgreiche Bemühungen die Datenbank auf Geistes- und Sozialwissenschaften auszudehnen. Von den zur Zeit 14.000 in ISI aufgenommenen Journalen stammen 1.100 aus dem nicht naturwissenschaftlichen Bereich. Der Vorteil einer bibliometrischen Datenbank liegt auf der Hand: Ihre Aufnahme- und Erfassungskriterien sind publiziert, einfach einsehbar, und sie ist weitestgehend unabhängig von Manipulation. Fragen müssen wir uns: Gibt sie das wieder, wonach wir suchen? Lassen Sie mich versuchen, die Problematik an Hand von Beispielen allgemein

bekannter und mit einer einzigen Ausnahme bereits verstorbener Forscher illustrieren.

Als ersten habe ich Albert Einstein ausgewählt. Entgegen weit verbreiteten Vorurteilen hat Einstein durchaus viel publiziert und schneidet bei den bibliometrischen Wertungen hervorragend ab. Einsteins Arbeiten haben fast 18.000 Zitate erhalten. Weder sein Nobelpreis im Jahre 1921 noch sein Ableben im Jahre 1955 haben deutliche Sprünge in der fast stetig steigenden Kurve der Zitierungen seiner Arbeiten durch Kollegen hinterlassen, lediglich das Einsteinjahr 2005 bildet eine markante Spitze nach oben. Bei weitem am meisten zitiert wurde übrigens eine Arbeit von Einstein zusammen mit Podolsky und Rosen, in der er beabsichtigte, die Interpretation der Quantenmechanik *ad absurdum* zu führen. Wie wir heute wissen, wurde das Einstein-Podolsky-Rosen Paradoxon durch eine Experimentalarbeit, bei der Anton Zeilinger einer der Autoren war, entgegen Einsteins Absicht bewiesen. Auch beim Physiker und Physikochemiker Lars Onsager haben weder der Nobelpreis noch der Tod eine Zäsur in den Referenzen zu seinen Arbeiten bewirkt. Er hat wesentlich mehr Zitate als Einstein für weniger als halb soviele Arbeiten erhalten. Die Begründerin der molekularen Entwicklungsbiologie, Christiane Nüsslein-Volhard hat bis jetzt – sie ist die einzige noch lebende Person, die ich hier namentlich erwähne – auch mehr Zitate mit etwas weniger Publikationen als Einstein erzielt. An ihrer Statistik ist auffällig, dass sie bis jetzt in keinem Jahr auch nur annähernd so viele Arbeiten publizierte wie im Jahr nach ihrem Nobelpreis, nämlich 31 und das ist zehnmal so viel wie in einem ihrer durchschnittlichen Jahre.

Im Überblick über die bibliometrischen Daten fallen auch Ungereimtheiten auf. Die bei weitem meisten Zitate – 76.452 – erhielt Oliver Lowry für eine Proteinfärbereaktion. Auf ihn folgt George Scatchard mit über 26.000 Zitaten, die meisten davon für eine linearisierte Auftragung von Daten in der Bindung kleiner

Moleküle an Proteine. Die Fachleute werden mir bestätigen, dass beide Arbeiten zwar nützlich waren aber alles andere als eine Revolution der Wissenschaft bildeten. Ein mir aus den USA bekannter sehr guter aber noch junger Elementarteilchenphysiker schlägt mit seinen bibliometrischen Daten viele Nobelpreisträger anderer Wissensgebiete. Ernst Mayr, der wohl bekannteste Evolutionsbiologe des zwanzigsten Jahrhunderts erscheint deutlich abgeschlagen. Eine Erklärung der drei Befunde ist leicht gegeben: Die Statistik zählt ohne Inhalte zu werten. Nützliche technische Details können ebensoviele wie oder mehr Zitate als eine bahnbrechende Entdeckung oder eine unsere Vorstellungen revolutionierende Theorie bekommen. Die zum gegenwärtigen Zeitpunkt zur Verfügung stehenden bibliometrischen Daten und können nicht ohne Weiters für Vergleiche zwischen den Wissensgebieten herangezogen werden. Wissenschaftliche Leistungen, die nicht in wissenschaftlichen Journalen publiziert werden, erscheinen nur ungenügend berücksichtigt oder gar nicht erfasst. Insbesondere gilt dies für Bücher und andere umfangreiche Publikationswerke.

Nach den kritischen Anmerkungen ist auch der Nutzen der Bibliometrie herauszustellen. Man erhält eine rasche, wenn auch grobe Orientierung, welche Position ein Wissenschafter innerhalb seiner Disziplin einnimmt. Fast alle künftigen Nobelpreisträger sind schon in den Jahren vor dem Preis durch überdurchschnittlich viele Zitatzahlen ausgezeichnet. Besonders nützlich werden die Datenbanken, wenn man größere Einheiten – Institute, Universitäten, Forschungsträger wie die ÖAW – statistisch erfasst oder Entwicklungen über genügend große Zeiträume betrachtet, da sich dann irreguläre Schwankungen ausgleichen.

Wie kann man wissenschaftliche Leistungen besser als durch Bibliometrie erkennen? Nicht nur die Publikationen in Wissenschaftsjournalen sind ein Gradmesser für die wissenschaftliche Leistung, sondern auch Bücher, Vorträge, Öffentlichkeitsarbeit

und vieles andere mehr. Seit vier Jahren erstellt die Österreichische Akademie der Wissenschaften in einem gar nicht einfachen
Prozess eine Wissensbilanz, bemüht sich diese laufend zu ver-
bessern und einen Satz von Indikatoren zu entwickeln, die der
Vielfalt der Wissensgebiete Rechnung tragen. Das letzte Produkt
dieses Bemühens ist vor kurzem aus der Druckerei gekommen
und wir haben für Interessierte auf zwei Tischen neben dem Ein-
gang zum Festsaal einige Exemplare aufgelegt. Auch die multi-
kriterielle Erfassung von Leistung durch quantitative Indikatoren
kann die Beurteilung durch den Fachwissenschafter nicht ersetzen. Alle erfolgreichen Forschungsträger, wie beispielsweise
die Max-Planck-Gesellschaft, verlassen sich auf die Urteile von
wissenschaftlichen Beiräten. In der laufenden Reorganisation der
ÖAW wurden nunmehr für alle Forschungseinrichtungen international zusammengesetzte wissenschaftliche Beiräte eingerichtet. Zusätzlich gibt es noch ein Forschungskuratorium, das die
Vorschläge der Beiräte koordinieren und die Evaluierungen
leiten wird. Mit dem dadurch gewonnenen Bild der Forschungs-
leistung und den von den Einrichtungen selbst vorgelegten mittel-
fristigen Forschungsprogrammen hoffen wir für budgetwirksame
Leistungsvereinbarungen gut gerüstet zu sein.

Als Funktionär einer Forschungsträgereinrichtung steht man
zwischen zwei Seiten, zwischen dem Geldgeber, der zu Recht den
Leistungsnachweis für den Einsatz der Steuergelder fordert, und
dem Wissenschafter, der sich lieber seiner Forschung widmen
will und das Erstellen von Unterlagen für Wissensbilanzen oder
das Verfassen von Jahresberichten als Zeitvergeudung erachtet.
Das Gefühl mancher Mitarbeiter hat Gottfried Schatz – den meisten von uns bekannt durch seinen Festvortrag vor zwei Jahren
– in seinem ironischen Beitrag am 1. April 2008 in der NEUEN
ZÜRCHER ZEITUNG zum Ausdruck gebracht. Der Titel lautet:
*„Die letzten Tage der Wissenschaft. Wie zeitfressende Parasiten
das wissenschaftliche Zeitalter beendeten."* Die Schatz'schen

344   Feierliche Sitzung

„Chronoklasten" sitzen unter anderem in der Leitung und Verwaltung der Akademie und zerspalten den Wissenschaftern die
Zeit für die Forschung. Wir müssen die Daten einfordern aber
wir dürfen dabei unseren Wissenschafterinnen und Wissenschaftern nicht die Lust am Forschen nehmen.

Mein abschließender Dank richtet sich daher heute auch an
beide Seiten: An die Mitglieder und die Angestellten der Akademie dafür, dass sie mit großem Einsatz und erfolgreich forschen und auch die Vorbereitung und Umsetzung der Akademiereform mittragen und vorantreiben helfen. An die Politik und die
Öffentlichkeit für die großartige ideelle und finanzielle Unterstützung des Unternehmens Akademie. Besonderer Dank geht
an Herrn Bundespräsidenten Fischer für das Wahrnehmen seiner
Schirmherrenfunktion über die Akademie, sein stetes Interesse
an der Entwicklung der Akademie und seine laufende Unterstützung. Wir danken dem Senat der ÖAW und seiner Vorsitzenden,
Frau Nationalratspräsidentin Prammer, für Unterstützung in der
Öffentlichkeit und Beratung bei unserem Reformvorhaben. Unser
herzlicher Dank gilt vor allem dem Herrn Bundesminister Hahn
und allen Beamten des für uns zuständigen Ressorts für die stete
und tatkräftige Unterstützung in finanzieller und auch in ideeller
Hinsicht sowie für die Erfolge zeigenden Bemühungen zu einer
Überleitung des Finanzierungsbedarfes der Akademie in ein
mehrjähriges Budget. Ein solches Budget wird mittelfristige
Planungssicherheit und den für zukünftige Entwicklungen notwendigen finanziellen Spielraum geben. Besonderer Dank gilt
dem Rat für Forschung und Technologieentwicklung und der
Nationalstiftung, die beide den Projekten der Akademie stets
positiv gegenüberstehen und Mittel für die Forschungstätigkeit
der Akademie empfehlen.

Danke für die Aufmerksamkeit!

Ansprache des Präsidenten

. . . denn wir wissen nicht, wohin die Reise geht.
Vier Überlegungen, vier Anregungen zum Nachdenken.

Ein in Kürze ausscheidender Akademiepräsident genießt den
Vorteil, Sachverhalte ohne allzu viel Rücksichtnahme anspre-
chen zu können, und von dieser Möglichkeit werde ich ein wenig
Gebrauch machen. Bezugnehmend auf die gegenwärtige schwierige und unsichere Wirtschaftslage habe ich die Ansprache unter
den Titel gestellt: „. . . denn wir wissen nicht, wohin die Reise
geht". Die Unsicherheit ist groß und das auch unter den Wissenschaftern. Es sind vier Problemkreise, die angesprochen werden
sollen: Weltwirtschaftskrise und Wachstum, Forschung und
Europa, Exzellenz und Mittelmaß, sowie Chancen für den wissenschaftlichen Nachwuchs. Im folgenden möchte ich aufzeigen,
dass und wie die vier Themata von einander abhängen.

Vorwort[1]
Die Österreichische Bundesregierung hat im Juli 2008 zur Finanzierung der Forschung und Entwicklung in Österreich einen
„Forschungspfad" in Aussicht gestellt, der Ausgaben des Bun-
des in der Höhe von 2,31 Milliarden EUR für die Jahre 2009–2013
vorgesehen hat. Von dieser Summe waren für die Österreichische Akademie der Wissenschaften (ÖAW) geplant: 106,6 Millionen EUR im Jahre 2009, 109,8 Millionen EUR für 2010,

---

[1] Dieses Vorwort war nicht Bestandteil der Rede, wurde aber eingefügt, um dem
Leser die für ein Verstehen des Textes notwendige Vorinformation über die finanzielle Situation der Akademie zu geben. Weitere Fußnoten verweisen auf Informationsmaterial, welches während der Rede projiziert wurde.

112,4 Millionen EUR für 2011 und 113,4 Millionen EUR für
2012. Bei der Regierungsbildung im November 2008 wurden
aber die für den Forschungspfad vorgesehenen Mittel drastisch
reduziert und nach der Budgetrede von Vizekanzler und Finanz-
minister Josef Pröll am 21. April 2009 wurde der ÖAW schließlich
ein reduzierter Betrag von rund 85 Millionen als Budget für das
laufende Jahr genannt. Bereits das durch Budgetbrief vom 13. Juli
2008 der Akademie zugesprochene Budget lag rund 5 Millionen EUR unter dem satzungsgemäß im Dezember 2007 von der
Gesamtsitzung der Akademie genehmigten Budgetprovisorium,
weshalb bereits ab Juli 2008 eine reduzierte Budgetzuteilung an
die Forschungseinrichtungen erfolgte und ein Baustopp im Sinne
eines Sparprogramms verhängt wurde. Als Folge der voraus-
sichtlichen Budgetzahlen 2009 wurde mit der Vorbereitung einer
durch die Verringerung der für die Forschung zur Verfügung stehenden Mittel notwendig gewordenen Redimensionierung des
Forschungsträgers Akademie begonnen, welche eine Reduktion
der Ausgaben für Forschung um etwa 20 % als Zielvorgabe hat.

Wirtschaftskrise und Wachstum

Es gibt, meine ich, niemanden in der industrialisierten Welt, der
noch nicht mit der Tatsache konfrontiert wurde, dass wir heute
in der tiefsten Weltwirtschaftskrise seit langer Zeit stecken.
Möglicherweise haben wir die Talsohle der wirtschaftlichen Entwicklung schon erreicht – einige sehen einen Silberstreifen am
Horizont, möglicherweise sind wir noch weit davon entfernt, wie
unter anderen der renommierte amerikanische Wirtschaftsexperte
und Nobelpreisträger Paul Krugman meint. Das Bewusstsein
einer weltweiten Rezession hat in der Tat alle Bürger der industrialisierten Staaten erfasst und es würde sich daher erübrigen,
zu den offensichtlichen Problemen Stellung zu beziehen. Die
widersprüchlichen Prognosen nähren den Verdacht, dass wir
gegenwärtig ein Symptom beobachten, das von tiefer liegenden

Ansprache des Präsidenten   345

Ursachen gespeist wird, die noch nicht hinreichend bekannt sind. Dazu kommt, dass weite Teile der Bevölkerung trotz offensichtlichem Wohlstand in einem Maße verunsichert sind, wie ich es als ein im Zweiten Weltkrieg Geborener und in der Nachkriegszeit Aufgewachsener noch nie beobachtet habe. Erlauben Sie mir deshalb den Versuch einer laienhaften und vielleicht etwas naiven Analyse: In der Volkswirtschaftslehre der letzten zwanzig Jahre etablierten sich neue Theorien für die Mechanismen des freien Marktes, die als „Scaling Economies" auf der Basis von „Increasing Returns" bezeichnet werden. Die Produkte schaffen sich selbst ihre Marktnische. Je mehr von einem Produkt auf den Markt kommt, umso mehr neue Käufer werden sich für dieses Produkt entscheiden. Ein einmal auf dem Markt eingeführtes Produkt kann nur schwer durch ein anderes ersetzt werden, auch wenn das neue Produkt überlegen ist. Im Sinne der „Increasing Returns" ist Wachstum der Unternehmen eine Voraussetzung für das Durchsetzungsvermögen am Markt und dementsprechend werden die Firmen immer größer – man denke nur an die zahlreichen Zusammenlegungen oder „Merger". Die von den theoretischen Ökonomen zur Beschreibung der wachsenden Märkte verwendeten quantitativen Modelle sind dabei fast identisch mit jenen, welche die Chemiker zur Beschreibung von Autokatalyse oder die Populationsbiologen zur Beschreibung unkontrollierter Formen des Wachstums verwenden. Eines haben alle diese Modelle gemeinsam: Sie sind instabil, streben keinem Gleichgewicht zu und werden durch ihre Entwicklungsgeschichte geprägt. In anderen Worten ausgedrückt heißt dies, welche Firma künftig den Markt beherrschen wird, hängt von vielen Faktoren ab, unter anderem von dem Zeitpunkt, zu dem sie auf dem Markt eingestiegen ist. Unkontrolliertes Wachstum mit vorgegebenen äußeren Beschränkungen hat zur Folge, dass Phasen der Proliferation immer wieder durch Zusammenbrüche unterbrochen werden. Um dies zu illustrieren, führe ich zwei Beispiele an:

346   Feierliche Sitzung

(i) In der „New York Times" vom 30. April 2009 findet sich ein Bild des „Bureau of Economic Analysis", welches die Veränderungen des Bruttoinlandsproduktes (BIP) der USA in den vergangenen 60 Jahren zeigt.[2] Die Entwicklung der amerikanischen Wirtschaft ist geprägt durch unterschiedlich lange Phasen stark schwankenden Wachstums, welche regelmäßig von Einbrüchen mit schrumpfendem BIP unterbrochen werden. Zwei Langzeitphänomene sind ersichtlich: (a) Bis zur Mitte des Jahres 2008 war ein Trend der abnehmenden Schwankungen erkennbar, insbesondere die negativen Phasen 1990/1991 und 2001/2002 waren sehr schwach ausgeprägt, und (b) die positiven Phasen nahmen im Rahmen der starken Schwankungen seit 1950 ab. Der erste Befund konnte Anlass zum Optimismus geben und sprach dafür, dass man auf gutem Weg ist, das Weltwirtschaftssystem unter Kontrolle zu bringen. Die zweite Jahreshälfte 2008 und der Beginn von 2009 belehrten eines Besseren: Die Rezession war länger hinausgeschoben und tritt nun heftiger ein. Ein solches Verhalten ist für inhärent instabile komplexe Systeme nichts Neues. Das zweite, auf den ersten Blick vielleicht gar nicht so gravierend erscheinende Phänomen ist vermutlich noch folgenreicher und soll gleich anschließend diskutiert werden.

(ii) Die zweite Illustration ungeregelten Wachstums betrifft die Ausbreitung von Algen auf einem überdüngten Teich. Die reichlichen Nahrungsvorräte erlauben den Algen uneingeschränkte Vermehrung, bis sie den ganzen Teich ausfüllen. Danach fehlt Sauerstoff unter dem Algenteppich und das gesamte Ökosystem kippt. Die laufenden Umweltschwankungen in der Realität – bedingt durch unterschiedliche Temperatur, Sonneneinstrahlung und Niederschlagsmenge – können zu einem Bild

---

[2] Louis Uchitelle and Edmund L. Andrews. *Economic Decline in Quarter Exceeds Forecast*. New York Times, April 30, 2009.

Ansprache des Präsidenten   347

führen, das wie in der Wirtschaft schwankendes Wachstum bis zum Zusammenbruch zeigt.

In der Biologie gilt ebenso wie eingangs für die Wirtschaft festzuhalten, dass man beim heutigen Wissenstand zwar vorhersagen kann, dass es Zusammenbrüche geben wird, wann sie eintreten und wie intensiv sie sein werden, entzieht sich seriösen Prognosen. Dies wird aller Voraussicht nach auch in Zukunft nicht möglich sein, da kleinste Änderungen in instabilen Systemen sehr große Auswirkungen haben können.

Die Biologie zeigt uns, wie man ungeregelt wachsende Systeme meistern kann: Die selbst verstärkenden Einheiten werden durch Inhibierung des Wachstums kontrolliert. Eine solche Inhibierung kann ganz einfach erfolgen: Ein Einzellerorganismus registriert schon früh abnehmende Nahrungsquellen, vermehrt sich nicht mehr und geht in eine nur ganz wenig – eventuell gar keine – Energie verbrauchende Dauerform über. Beim Vielzellerorganismus muss beispielsweise das Wachstum der körperlichen Zellen eingeschränkt beziehungsweise ganz inhibiert werden, um Homöostase und Funktionsfähigkeit des Organismus zu gewährleisten. Ein anderes Beispiel bietet die Neurobiologie: Für das Funktionieren unseres Gehirnes sind selbstverstärkende Neuronenpulse unentbehrlich, aber diese werden durch inhibierende Neuronen kontrolliert und am destabilisierenden Aufschaukeln gehindert. Trotz mehr als 3 Milliarden Jahre Evolution gelingt die Stabilisierung aber auch in der Biologie nicht immer. Das Ausbrechen von Seuchen, globaler Schädlingsbefall, die Entstehung von malignen Tumoren oder die sich aufschaukelnden Gehirnströme vor epileptischen Anfällen sind beredte Beispiele für das Zusammenbrechen von Regelungen. Der Inhibition entspricht in der Wirtschaft die staatliche Kontrolle. Für die Stabilisierung durch Regelung muss man Nachteile in Kauf nehmen: Die Fähigkeit, rasch auf Veränderungen zu reagieren, wird vermindert und kann im Extremfall ganz verloren gehen. Ebenso wird der erreichbare Nutzen umso bescheidener ausfallen, je stärker das System geregelt ist.

Zu dem Stabilitätsproblem des unkontrollierten Wachstums kommt erschwerend hinzu, dass wir zurzeit der Erschöpfung einiger Ressourcen entgegensehen. Wie am Beispiel Erdöl geläufig, ist ein Ersatz durch andere vollwertige und in ausreichendem Maße vorhandene Energieträger nicht in Sicht. Die Bevölkerungen sind sich in den vergangenen Jahren immer mehr dieser Endlichkeit bewusst geworden und es genügt, ein paar heftig diskutierte Beispiele dafür in Erinnerung zu rufen: „Peak-Oil", „Sustainable Energies", Reinhaltung der Luft, Kyoto-Protokoll über Treibhausgase und anderes mehr. Eine ganze Reihe von bevölkerungsreichen Staaten – unter ihnen China und Indien – haben sich rasant zu hoch technisierten Partnern und Konkurrenten der westlichen Welt entwickelt. Weitere Staaten werden folgen und wir müssen davon ausgehen, dass es in Zukunft für die bereits hoch industrialisierten Staaten keine längeren Perioden echten Wachstums mehr geben wird, es sei denn, es würden neue, bisher noch nicht ausgebeutete Ressourcen gefunden. Eine Quelle des lang andauernden Wachstums in den Industrienationen war die ständige Erschließung neuer Energiequellen und/oder Technologien: Kohle und Dampfmaschine wurden abgelöst durch Elektrizität und Elektromotor und dieser wieder durch Erdölprodukte und Verbrennungsmotoren, um nur einige Beispiele zu nennen. Hier ist wie gesagt eine nachhaltige Nachfolgetechnologie noch nicht in Sicht.

Forschung und Europa

Seit dem Jahre 1990 erfuhr die Forschungslandschaft Österreichs eine enorme Steigerung der Gesamtausgaben für Forschung und Entwicklung mit Steigerungsraten bis zu 10 % jährlich. Es war geplant, diesen als „Forschungspfad" bezeichneten Kurs auch in den nächsten zehn Jahren fortzusetzen, um schließlich 2020 eine

Forschungsquote von über vier Prozent des Bruttoinlandsproduktes (BIP) mit einem Prozent für die Grundlagenforschung zu erreichen. Österreich hätte dann in der Forschungsförderung mit der Schweiz und den skandinavischen Ländern Schweden und Finnland gleichgezogen und wäre zur Spitze der europäischen Staaten aufgerückt. Auf der Basis der in diesem Forschungspfad vorgesehenen Finanzen wurde die Entwicklung der Forschung – insbesondere der Grundlagenforschung – für die nächste Zukunft geplant. Dieser Plan ist seit der Bildung der jetzigen Koalitionsregierung und der starken Reduktion des Anstiegs der Forschungsmittel nicht mehr aktuell. Die Konsequenzen für die Österreichische Akademie der Wissenschaften wurden schon am Beginn der heutigen Sitzung erwähnt.

Obwohl ich durchaus meine, dass man kurz- und mittelfristig mehr Budget für Wissenschaft und Forschung in Österreich zur Verfügung hätte stellen können, wenn man gewollt hätte, ist das längerfristige Problem eines erfolgreichen Wissenschaftsraumes Europa auf der Ebene der einzelnen Mitgliedsländer der EU nicht zu lösen. Die Konkurrenten auf der Weltbühne sind Japan mit etwa 127 Millionen Einwohnern, Russland mit 142 Millionen Einwohnern, die USA mit 306 Millionen Einwohnern, Indien mit 1,148 Milliarden Einwohnern und China mit 1,330 Milliarden Einwohnern. Hier hat nur die gesamte Europäische Union (EU) der 27 Länder mit ihren 500 Millionen Einwohnern eine vergleichbare Größe. Ebenso wie bei Finanzen und Bankwesen ist ein großes Einzugsgebiet mit einheitlichen Regeln auch für die Wissenschaftslandschaft ein enormer Vorteil. Erst eine solche Größe ermöglicht Exzellenz bei gleichzeitiger Pluralität und Breite in der Wissenschaftslandschaft, und eine solche ist unabdingbar bei der interdisziplinären Fächer umspannenden Natur der modernen Forschung. Einzelstaaten können nur in ausgewählten und nicht in allen Disziplinen mit der Weltspitze konkurrieren beziehungsweise diese bilden. Für kleine Staaten wie Österreich trifft dies in noch viel größerem Maße zu als für große wie Deutschland, Frankreich oder Großbritannien. Eine gemeinsame Wissenschaftslandschaft Europa zu konzipieren und zu gestalten ist eine gewaltige Herausforderung für Politik, Wissenschaft und Gesellschaft, man sollte aber davor nicht zurückschrecken. Kritiker haben auch der einheitlichen Währung – dem Euro – bei seiner Einführung keine Chance gegeben, und er wurde eine wahre Erfolgsgeschichte. In der heutigen Finanzkrise stünden die Staaten der Euro-Zone isoliert noch viel schlechter da als gemeinsam. Wer dies bezweifelt, soll sich die Daten über den Wechselkurs Forint oder Pfund zu Euro im letzten Jahr ansehen. Gewiss, der Weg zu einem einheitlichen Bildungs- und Wissenschaftsraum Europa ist steinig und niemand außer den europäischen Wissenschaftern kann den europäischen Politikern helfen, ihn zu gehen. Mit dem Bologna-Prozess, der im nächsten Jahr abgeschlossen sein soll, ist ein erster wichtiger Schritt zur Vereinheitlichung der Hochschulstudien unter Erhalt der Pluralität gesetzt worden, von einer vergleichbaren Bildungslandschaft Europa sind wir aber noch weit weg. Man darf hier auch nicht vorschnell agieren, denn es gilt den größten Vorteil Europas gegenüber allen anderen Regionen der Welt zu erhalten: ein weitestgehend von Aufklärung und Wissenschaftsfreundlichkeit geprägtes Weltbild gemeinsam mit der historisch gewachsenen kulturellen Vielfalt der Einzelstaaten. Die Gründung des European Research Councils (ERC) war ein richtiger erster Schritt, auch wenn er vom Finanzvolumen her zögerlich ausgefallen ist. Weitere Schritte lassen auf sich warten, obwohl den negativen Auswirkungen der Weltwirtschaftskrise auf die Finanzierung der Forschung in einem größeren Wissenschaftsraum leichter begegnet werden könnte.

Von vorrangiger Wichtigkeit erscheint eine Behebung der zunehmenden EU-Skepsis bis EU-Feindlichkeit der Bürger – und dies ist leider ein Gemeinplatz an Diagnostik, ohne dass dagegen eine funktionierende Therapie bekannt wäre. Ohne Änderung dieser Grundhaltung sind alle weiteren Entwicklungen der Europäischen Union stark beeinträchtigt, wenn nicht gar blockiert. In dieser Angelegenheit sind alle Bürger und Medien, welche an der weiteren Realisierung des Traumes von einem gemeinsamen Europa interessiert sind, aufgerufen, ihren Beitrag an Überzeugungsarbeit zu leisten und sich aufklärend gegen die gezielten Falschinformationen durch leider nicht wenige Politiker und manche populistische Medien zu wenden. Die Umsetzung notwendiger Maßnahmen in Richtung auf einen einheitlichen Bildungs- und Wissenschaftsraum Europa sind allein schwierig genug und setzen breite Akzeptanz für den Erfolg voraus.

Exzellenz und Mittelmaß

In meiner Ansprache von vorigem Jahr habe ich die Thematik der Bewertung von Spitzenleistung in der Forschung angesprochen und zu analysieren versucht. Diese Problematik ist im Hinblick auf die Forschungsbudgets 2009 und 2010, die geringer als geplant ausfallen werden, noch brennender geworden. Als Akademiepräsident muss man sich in Vorbereitung eines Redimensionierungsprozesses die Frage stellen, woran man herausragende Einrichtungen erkennen kann. Neben den bekannten quantitativen Indikatoren, die aber im Vergleich verschiedener Disziplinen keine gute Hilfe sind, stellt sich die richtig angefragte Beurteilung durch die Fachkollegen als überaus robust heraus. Um möglichen Vorwürfen der Voreingenommenheit von vornherein zu begegnen, verwende ich ein Beispiel aus der Musikwelt. Wenn man einen Opernliebhaber nach dem besten Opernhaus der Welt fragt, dann erhält man verschiedene Antworten, einer nennt die Covent Garden Royal Opera in London, ein anderer bevorzugt die Wiener Staatsoper, einem dritten gefällt die MET in New York am besten. Fragen Sie aber nach den zehn besten Opernhäusern der Welt, dann werden die Wiener Oper, die Mailänder Scala und die Metropolitan Opera mit größter Sicherheit darunter sein.[3]

Im Fall von Spitzenforschungsinstituten oder Spitzenuniversitäten funktioniert diese Vorgangsweise genauso, und fast immer lassen sich Grobreihungen von Einrichtungen reproduzierbar feststellen und meistens, wenn auch nicht immer, durch quantitative Indikatoren nachvollziehen. Peter Gruss, der Präsident der Max-Planck-Gesellschaft, hat dafür eine Skala für qualitative Reihungen vorgeschlagen: *outstanding – excellent – very good – etc.* Wesentlich ist, dass die Prädikate von allen in derselben Art und Weise interpretiert und weltweit angewendet werden, beispielsweise das höchste Exzellenzkriterium „*outstanding*" im Sinne der Wiener Oper unter allen Opernhäusern. Angewandt auf die österreichische Forschungslandschaft finden wir nach diesem Kriterium nur ganz wenige Einrichtungen, welche dem höchsten Exzellenzmaß – „*outstanding*" – genügen. Innerhalb der ÖAW liegen zurzeit zwei bis drei Einrichtungen in dieser höchsten Klasse. Die weltweite Konkurrenz ruht aber nicht und es gilt akademieintern die Voraussetzungen zu schaffen, dass diese Institute auch in Zukunft ihren internationalen Rang halten können. Ausreichende Finanzierung ist zwar keine hinreichende, wohl aber eine notwendige Bedingung für Spitzenleistung. Eine Berechnung der für einen wissenschaftlichen Mitarbeiter im Schnitt aufgewendeten finanziellen Mittel ergibt einen Faktor zwei zwischen der als sparsam geltenden Max-Planck-Gesellschaft und der Österreichischen Akademie der Wissenschaften. Zurückkommend auf das Beispiel der Opernhäuser hieße dies: Würde man versuchen, die Wiener Oper mit dem halben Budget zu betreiben, dann landete man unweigerlich bei einem Musiktheater von provinziellem Rang.

---

[3] Ronald Marbles. *World's 10 Best Opera Houses*. Internet:http://www.quazen.com/Arts/Performing-Arts/Worlds-10-Best-Opera-Houses.591257.

Die Zahl exzellenter Einrichtungen – das sind Einrichtungen in der zweiten Gruppe der obigen Klassifikation – ist naturgemäß wesentlich größer als die Zahl jener, welche das Prädikat *outstanding* tragen. Exzellenz setzt internationale Sichtbarkeit voraus und bedingt ebenso Unverwechselbarkeit. Auch Exzellenz schlägt sich fast immer sowohl in den quantitativen Indikatoren als auch im Urteil der Fachkollegen nieder. Ein Beispiel für diese Behauptung bildet das alljährlich von Wissenschaftern der Shanghai Jiao Tong University veröffentlichte *Academic Ranking of World Universities* (ARWU):[4] Die auf der Basis der quantitativen Indikatoren bestgereihten Universitäten entsprechen ganz den Erwartungen auf Grund ihrer Reputation in der wissenschaftlichen „Community". Ein besonders aussagekräftiger Indikator für das Renommee einer wissenschaftlichen Einrichtung ist die Zahl der Gastwissenschafter, die mit eigenem Geld angereist kommen, um an der Einrichtung arbeiten zu können. Nach diesem Kriterium schneiden nur ganz wenige österreichische Institute gut ab. Alle Träger von Grundlagenforschung müssten bemüht sein, ihre Einrichtungen in diese Klasse zu bringen oder in dieser Klasse zu halten.

Kann der Spruch *„Not macht erfinderisch"* sinnvoll auf die Spitzenwissenschaft angewendet werden? Die gegenwärtige Situation in den Wissenschaften ist von einem derart hohen Konkurrenzdruck gekennzeichnet, dass Zeit für die Forschung zu einer Mangelware geworden ist. Jeder, der unnötig Zeit verschwendet, wird auf der Strecke bleiben. Um auf Weltniveau mithalten zu können, ist Spitzenausrüstung unentbehrlich. Was im Sport eine Selbstverständlichkeit ist, muss auch in der Wis-

---

[4] Ying Cheng, Nian Cai Liu. *A first approach to the classification of the top 500 world universities by their disciplinary characteristics using scientometrics.* Scientometrics 68, 135–150, 2006 und Nian Cai Liu, Ying Cheng. *The academic ranking of world universities.* Higher Education in Europe 30, 127–136, 2005.

senschaft gelten. Würde es Sinn machen, heutzutage einen Ab-
fahrtsläufer mit Holzschiern und in Lederschischuhen auf die
Rennstrecke zu schicken? Während der Zeit, in der ich an der
Universität Wien Chemie studierte, in den Neunzehnsechziger-
jahren, hat man auf die Naturwissenschaften übertragen genau
dies getan. Kommerziell zugängliche Geräte wurden aus Mangel
an Dotation nachgebaut, seit Jahrzehnten gängige Auswertungs-
methoden wurden „wiederentdeckt". Es gilt auch und gerade in
Krisenzeiten zu verhindern, dass ähnliche Zustände wieder eintreten, denn sie haben die österreichische Wissenschaft in der
späten Nachkriegszeit weit hinter das westeuropäische Niveau
zurückfallen lassen. In Hinblick auf eine finanziell schwierige
Zukunft wird man selektiver als heute fördern müssen.

Wird bei knapper werdenden Budgets das Mittelmaß gestärkt,
dann bedeutet dies den Tod der ernst zu nehmenden Wissenschaft. Wir haben solche Zeiten in Österreich erlebt – und sie
sind in manch einem Wissensgebiet noch nicht überwunden –, es
gilt daher einen Rückfall in die Gießkanne mit ihren Folgen zu
vermeiden. Ein drastisches Beispiel entnehme ich der *Fackel* von
Karl Kraus. Es stammt aus einer Zeit, die schon so lange vergangen ist, dass ich glaube zitieren zu können, ohne Befindlichkeiten
zu wecken:[5]

„ *. . . Bis zum Jahre 1894 war diese Lehrkanzel – die orga-
nisch-chemische Technologie – mit dem berüchtigten J. J. Pohl
besetzt, der die ganze Farbenchemie als ‚einen reichsdeutschen
Schwindel' bezeichnete. Ihm folgte der jetzige Hofrath Professor
Dr. Hugo Ritter v. Perger. Das bedeutete immerhin einen Fortschritt; denn während Pohl Farbstoffe kaum vom Hörensagen
kannte, hat Perger schon manchen gesehen. Freilich erfunden
hat er noch keinen . . .".* Um die Kluft zwischen der österreichischen und der internationalen Forschung in der organischen Che-

---

[5] Karl Kraus. *Die Fackel* 31, Heft 2, 1900, 18, 19.

mie des ausklingenden 19. Jahrhunderts zu verdeutlichen, sei bemerkt, dass dies die Zeit der großen Entdeckungen und Firmengründungen in der Chemie, insbesondere in der Farbstoffchemie war. Die Badische Anilin- und Sodafabrik (BASF) wurde 1865 gegründet, die Firmen Hoechst und Bayer entstanden bereits 1863. Der einzige vergleichbare, wenn auch viel kleinere chemische Betrieb in der Habsburgermonarchie sind die Treibacher Chemischen Werke. Sie wurden im Jahre 1898, mehr als 30 Jahre später, vom Spitzenwissenschafter, Erfinder und Unternehmer Carl Auer von Welsbach gegründet.

Gibt es heute ähnlich gelagerte negative Beispiele in der österreichischen akademischen Landschaft? In den konventionellen Fächern ist dies sicherlich nicht der Fall. Wie aber sieht es im Bereich der wissenschaftlichen Avantgarde aus? Hier ortet man trotz einiger Anstrengungen gewaltige Lücken. Ich erwähne nur den für mich gut überblickbaren Bereich zwischen Chemie, Biologie und Informatik. Ein fächerübergreifendes, umfassendes Bereitstellen der elektronischen Literatur ist bis heute nicht erfolgt. Das österreichische Programm zur Etablierung der Genforschung kam spät und hat im Vergleich zu ähnlichen Aktivitäten in anderen europäischen Staaten nur einen bescheidenen Erfolg erzielt. In der Institutionalisierung anderer neuer Fächer in den Lebenswissenschaften, beispielsweise der Bioinformatik und der Systembiologie, hinkt Österreich fast ein Jahrzehnt hinter der internationalen Entwicklung nach. Tatsächlich ist eine derartige Institutionalisierung überhaupt nur durch Professuren erfolgt, die von einer kleinen, sehr aktiven Forschungsförderorganisation gestiftet wurden.

Chancen für den wissenschaftlichen Nachwuchs
Exzellenz einer Forschungseinrichtung ist ohne entsprechend qualifizierte, talentierte und ambitionierte Mitarbeiter nicht möglich. Die Selektion und Ausbildung begeisterter junger

Forscher muss daher ein vorrangiges Anliegen aller Lehrenden und Forschenden sein, und zwar von der Schule bis zum Hochleistungsforschungsbetrieb. Leider ist festzustellen, dass es auf diesem Gebiet in weiten Bereichen der österreichischen Wissenschaft einen gewaltigen Aufholbedarf gibt.

Talente für den Sport oder für die Musik werden in jungen Jahren aufgespürt und mit allen Mitteln gefördert. Förderung in der Jugend und Perfektionierung der Leistung zum Zweck der Erreichung von Spitzenplätzen sind Selbstverständlichkeiten auf diesen Gebieten. Völlig anders ist es hier um den Sektor Wissenschaft bestellt. Trotz einiger erfolgreicher Anstrengungen im Bereich der gehobenen Hochschulausbildung – zum Beispiel Doktorandenkollegs – finde ich, dass sich Österreich viel zu wenig um den talentierten wissenschaftlichen Nachwuchs und seine optimale Ausbildung bemüht. In der Tat kümmert sich bis zum 19. Lebensjahr kaum jemand um die künftigen Forscher. Der Bedarf nach einschlägiger Information für die letzten Jahrgänge und die Absolventen der allgemeinbildenden und berufsbildenden höheren Schulen (AHS und BHS) trat in einem von der Österreichischen Akademie der Wissenschaften gemeinsam mit der Niederösterreichischen Bildungsgesellschaft durchgeführten Pilotversuch klar zutage: Mitglieder der Akademie und andere Wissenschafter gingen in die Schulen, hielten Vorträge auf Schulniveau über wissenschaftliche Themen und diskutierten anschließend mit den jungen Leuten, um ihnen einerseits den Beruf des Wissenschafters näher zu bringen und sie andrerseits zum Aufspüren der eigenen Fähigkeiten zu ermuntern. Im Abschnitt zwischen dem 16. und 19. Lebensjahr fällt die Entscheidung für oder gegen ein Hochschulstudium, und es wird das künftige Fach gewählt. Diese Entscheidungen bestimmen für einen Großteil der Schüler das weitere Leben und die späteren Aussichten auf Erfolg, der sich am ehesten in einem nach Neigung und Talent gewählten Beruf einstellen wird. Die bisher gemachten Erfah-

Ansprache des Präsidenten   357

rungen mit dem Pilotversuch sind überaus positiv, aber ein ganz anderer Einsatz wäre notwendig, um die Schulen flächendeckend mit Informationsveranstaltungen aus erster Hand zu versorgen, und einmalige Beratung kann Förderung nicht ersetzen.

Trotz einiger Bemühungen ist es noch nicht gelungen, ein österreichisches Pendant zur Studienstiftung des Deutschen Volkes zu schaffen. Sie betreut hervorragende junge Talente während ihrer gesamten Studienzeit und darüber hinaus. Ich zitiere aus dem Leitbild:[6] „. . . *Wir bitten deshalb* (die) *Schulleiter und* (die) *Hochschullehrer, begabte Abiturienten, Studierende und Promovierende für unsere Förderung vorzuschlagen. Außerdem fordern wir Prüfungsämter der Universitäten und Fachhochschulen auf, ihre besten Studierenden zu nominieren. . . .* ". So früh als möglich werden die Geförderten ermutigt, „*eigene Ziele zu entwickeln und zu realisieren. Die Stipendiaten entscheiden selbst, welche Angebote und Anregungen sie aufgreifen.* " An den Hochschulorten wird den Stipendiaten persönliche Beratung durch Vertrauensdozenten und Referenten angeboten. Zurzeit fördert die Deutsche Studienstiftung 9000 Studierende an Universitäten, Kunst-, Musik- und Fachhochschulen – Tendenz stark steigend, 2006 waren es nur 6000 – und 900 Doktoranden. Die Zugehörigkeit zu den von der Studienstiftung Geförderten wird allgemein als ein Exzellenzmerkmal empfunden. Gezielte Talentförderung gibt es in Österreich zwar in Form der Akademiestipendien, diese setzt aber erst zu einem späteren Zeitpunkt, zu Beginn einer Doktorarbeit, ein und erreicht aus finanziellen Gründen nicht annähernd alle Talentierten. Ein dringender Ausbaubedarf der Talentförderung in Österreich wurde im vergangenen Jahr anlässlich der Evaluierung der Stipendienprogramme der Akademie

---

[6] Studienstiftung des Deutschen Volkes, http://www.studienstiftung.de/leitbild.html.

von den Evaluatoren konstatiert und im Endbericht ausdrücklich festgehalten.

Die Heranbildung von Talenten läuft anders in einigen Ländern, unter anderem in solchen, die unsere heutigen und zukünftigen Konkurrenten in der Wissenschaft stellen und stellen werden. Einer meiner Doktoranden aus meiner Zeit in Jena und späterer Mitarbeiter ist mittlerweile Professor für diskrete Mathematik an der Nankai-Universität in Tien Tsin in der Nähe von Peking. Er berichtet, dass er noch nie – weder in Deutschland noch in den USA – mit so gut ausgebildeten und höchst talentierten Studenten gearbeitet hat. Das politisch totalitäre, kommunistische Regime der Volksrepublik China hat ein erstaunlich wirksames Ausleseprogramm entwickelt, welches junge Talente aufspürt und diese tatkräftig fördert. Das System der beinharten Auslese – nicht unähnlich der Situation im Sport – soll nicht unbedingt zur Nachahmung empfohlen sein, aber zum Nachdenken anregen sollte es schon. Talentförderung muss Richtungen vorgeben, aber sie muss nicht autoritär sein, wie der Erfolg der Deutschen Studienstiftung zeigt.

Die Qualität der Ausbildung bestimmt in ganz entscheidendem Maße die Karrieremöglichkeiten. Die Konkurrenz im Wissenschaftsbetrieb wird in Zukunft noch härter werden, und nur die bestausgebildeten Kräfte werden eine wirkliche Chance auf einen adäquaten Arbeitsplatz und eine erfolgreiche Karriere haben. Besondere Leistungsträger und künftige Spitzenwissenschafter kommen nahezu nur aus Spitzeninstituten, und von denen gibt es in Österreich zu wenige. Ein junger Wissenschafter, der seine Ausbildung in einer mittelmäßigen Gruppe erhalten hat, kann mit seinen gleichaltrigen Kollegen nicht erfolgreich konkurrieren. In der Zeit, in der wir studierten, war die Situation in Wien zweifellos besser als in dem von Karl Kraus gezeichneten Bild der Zustände um 1900. Den Geist der Spitzenforschung und das Klima beflügelnder internationaler Konkurrenz habe ich aber erst als Postdoktorand an einem Max-Planck-Institut in Deutschland kennen gelernt, und ich hatte das besondere Glück, noch relativ jung zu sein. Ich meine, wir sind es unserem Nachwuchs schuldig, dass wir alle Anstrengungen unternehmen, ausreichend viele Ausbildungsplätze der Spitzenklasse zu schaffen, um unseren besonderen Talenten in Wissenschaft und Forschung optimale Startbedingungen für ihre Karrieren zu geben.

Danksagung

Die heurige Feierliche Sitzung soll formal als ein Symbol für die Bereitschaft der Österreichischen Akademie der Wissenschaften zur größten Sparsamkeit stehen. Der Rahmen blieb hinter dem Prunk der vergangenen Jahre zurück. Schwierige Zeiten zwingen dazu, den Inhalt über die Verpackung zu stellen, und das haben wir in diesem Jahr in unserer öffentlichen Veranstaltung getan. „Sich auf das Wesentliche zu konzentrieren" ist auch das Motto für die angesagte Redimensionierung der Akademie. Obwohl wir selbstverständlich auf die Rückkehr der überdurchschnittlich guten Jahre der jüngsten Vergangenheit hoffen, müssen wir sowohl in der Lage als auch darauf vorbereitet sein, mit etwas bescheidenerem Aufwand ohne Einbußen in Leistung und Erfolg durchzukommen.

Mein Dank richtet sich auch in diesem Jahr wieder an beide Seiten: An die Mitglieder und die Angestellten der Akademie dafür, dass sie mit großem Einsatz und erfolgreich forschen und die Implementierung der Akademiereform mittragen und vorantreiben helfen. An die Politik und die Öffentlichkeit für ideelle und finanzielle Unterstützung des Unternehmens Akademie. Besonderer Dank geht an den Herrn Bundespräsidenten Fischer für das Wahrnehmen seiner Funktion als Schirmherr der Akademie, sein stetes Interesse an der Entwicklung der Akademie und seine laufende Unterstützung. Wir danken dem Senat der ÖAW und

360   Feierliche Sitzung

seiner Vorsitzenden, Frau Nationalratspräsidentin Prammer, für
Unterstützung in der Öffentlichkeit und Beratung. Zu großem
Dank verpflichtet sind wir den Mitgliedern unserer neuen Gre-
mien, den wissenschaftlichen Beiräten, dem Finanz- und dem
Forschungskuratorium. Experten opfern in diesen Gremien ihre
wertvolle Zeit, um uns zu beraten.

Unser herzlicher Dank gilt vor allem Herrn Bundesminister
Hahn und allen Beamten des für uns zuständigen Ressorts für
die stete Unterstützung in jeder Hinsicht. Besonderer Dank gilt
dem Rat für Forschung und Technologieentwicklung und der
Nationalstiftung, die beide Mittel für die Forschungstätigkeit der
Akademie empfahlen. Ich freue mich besonders, dass in diesem
Jahr der Vorsitzende der Landeshauptleutekonferenz zu uns gekommen ist. Dies gibt mir die Gelegenheit, Herrn Bürgermeister
Häupl stellvertretend für alle Landeshauptleute, in deren Ländern wir Einrichtungen unterhalten, herzlich zu danken. Ohne
die stete Unterstützung durch die Bundesländer wäre der Betrieb
vieler unserer Einrichtungen nicht möglich. Nur pauschal, aber
nicht minder herzlich bedanken kann ich mich bei unseren zahlreichen Partnern bei gemeinsamen Veranstaltungen und unseren
großzügigen Sponsoren.

Allen, die an der Vorbereitung und Durchführung der Feierlichen Sitzung beteiligt waren, möchte ich für ihren Einsatz
danken. Das gilt in besonderem Maße für unseren Vortragenden,
Herrn Dekan Horst Seidler, für den gelungenen Einblick in unsere Vergangenheit, Gegenwart und Zukunft als *homo sapiens*.
Ich danke den Initiatoren, Gestaltern und Sponsoren von *Planet
Austria* ebenso wie allen Mitarbeiterinnen und Mitarbeitern der
Akademie, die mit der Vorbereitung und Ausrichtung dieser Veranstaltung betraut waren.

Ihnen, meine Damen und Herren, danke für die Aufmerksamkeit!

Abschiedsrede des Präsidenten

(gehalten in der Gesamtsitzung am 19. Juni 2009)

Hohe Akademie, meine Freunde aus der Wiener Oper und Liebhaber der Opern Richard Wagners mögen mir vergeben, aber ich kann nicht widerstehen, die drei Teile meiner Abschiedsrede nach modifizierten Sätzen der drei Nornen aus dem Vorspiel der *Götterdämmerung* über Vergangenheit, Gegenwart und Zukunft zu benennen.

„Wisst Ihr, wie die ÖAW 2008 ward?" – Bilanz aus drei plus drei Jahren.

Am Anfang meiner Tätigkeit als Funktionär der hohen Akademie standen Gespräche mit zwei Freunden, Kurt Komarek und Karl Schlögl, die mich in mehreren Schritten davon überzeugten, für die Wahlen 2000 als Vizepräsident zu kandidieren. Dem „Ja" zur Kandidatur stand zur Seite der persönliche Entschluss, spätestens zum Zeitpunkt meiner Emeritierung im Jahre 2009 wieder Vollzeitwissenschafter zu werden.

Meine Zeit als Vizepräsident umfasste die Jahre 2000 bis 2003 und war eine wunderbare Zeit so ganz nach meinem Geschmack. Ein Institut nach dem anderen wurde gegründet, der Rat für Forschung und Technologieentwicklung empfahl die finanziellen Mittel im Sinne einer Anschubfinanzierung, und das Bundesministerium für Wissenschaft und Forschung stellte sie zur Verfügung. Um ehrlich zu sein, ich meine, weder Präsident Werner Welzig noch Generalsekretär Herbert Mang noch ich – und ich am allerwenigsten – hatten schlaflose Nächte wegen des

Fehlens einer langfristigen Finanzierung der neuen Einrichtungen. Es hatte sich für die Akademie eine einmalige Chance er-
geben, und es galt diese auch zu nützen. Folgende Einrichtungen
verdanken ihre Existenz dieser Expansionsphase: Das Institut für
Molekulare Biotechnologie war schon 1999 gegründet worden.
Im Jahre 2000 folgten das Gregor-Mendel-Institut für Molekulare
Pflanzenbiologie (GMI) und das Forschungszentrum für Molekulare Medizin (CeMM). Die Demographie wurde entscheidend
ausgebaut, und ein Institut für Iranistik folgte ebenso wie eine
Einrichtung für Europäisches Schadenersatzrecht. Im Jahre 2003
wurden das Johann-Radon-Institut für Computergestützte und
Angewandte Mathematik (RICAM), das Institut für Quanten-
optik und Quanteninformation (IQOQI), das Institut für Inte-
grierte Sensorsysteme und die Unternehmung Austrian Academy
Corpus (AAC) ins Leben gerufen.

Die kommenden Jahre gaben all diesen Vorhaben recht. Nahezu alle neuen Einrichtungen wurden Erfolgsgeschichten und dies
war kein Zufall, denn das damalige Präsidium holte sich vor den
Entscheidungen qualifizierten Rat von weltweit ersten Experten.
Viele Personen innerhalb und außerhalb der Akademie forderten
und fordern – größtenteils zu Recht – mehr Transparenz. Vor allem
an die Vertreter der Jungen Kurie gewandt, die damals noch nicht
bei den Akademiesitzungen zugegen waren, möchte ich zwei
Beispiele der Entscheidungsfindung von damals aufzählen:

Um die wissenschaftliche Ausrichtung des Instituts für Zell-
und Entwicklungsbiologie (IZEB), des späteren Gregor-Mendel-
Instituts (GMI) zu diskutieren, wurde eine *adhoc*-Kommission
aus erstrangigen internationalen Fachleuten einberufen – unter
diesen war unter anderem die Nobelpreisträgerin Christiane
Nüsslein-Vollhard für die Entwicklungsbiologie und mehrere
erstrangige Molekularbiologen und Pflanzenforscher. Aus dieser
Kommission kam nach eingehender, einen ganzen Tag dauernder
Beratung der einhellige Vorschlag, ein molekularbiologisches In-

stitut für Pflanzen zu gründen. Unserem w. M. Dieter Schweizer gelang es mit großem Einsatz, das Gregor-Mendel-Institut zur Realität werden zu lassen. Heute zählt die ÖAW das Institut mit vollem Recht zu seinen Spitzeneinrichtungen. Wir konnten im vergangenen Jahr Magnus Nordborg, einen jungen dynamischen Spitzenforscher auf dem Gebiet der Pflanzengenetik, als Nachfolger von Schweizer für die Leitung des Gregor-Mendel-Instituts gewinnen.

Als der Beschluss gefallen war, das Institut für Diskrete Mathematik zu schließen, da uns der Direktor durch eine Berufung nach Singapur abhanden gekommen war, gab es volle Übereinstimmung, den Versuch zu machen, ein anderes mathematisches Institut innerhalb der Akademie einzurichten. Es sollte sich in seinen Aufgaben und in seiner Ausrichtung von den zahlreichen universitären Mathematikinstituten unterscheiden. Das Präsidium berief eine *adhoc*-Kommission bestehend aus Mathematikern zur Erarbeitung eines Vorschlags ein. Diese Kommission hat in einigen Treffen im Laufe von etwa einem Jahr keinen gemeinsamen Vorschlag erarbeiten können, weshalb sich das Präsidium zur Beratung an eine Reihe internationaler Experten für Mathematikinstitute gewandt hat. Das Ergebnis wurde das Johann Radon Institute for Computational and Applied Mathematics (RICAM), mit w. M. Heinz Engl wurde als Gründungsdirektor ein überaus engagierter Spitzenmathematiker mit einem in der Tat nicht alltäglichen Organisationstalent gefunden. Die Evaluierungskommission und der neue wissenschaftliche Beirat zählen RICAM weltweit zu den Spitzeneinrichtungen in der angewandten Mathematik.

Dass die Österreichische Akademie der Wissenschaften in den Jahren nach 2000 mit immer mehr wissenschaftlichen Vorhaben betraut wurde, war zweifellos das Verdienst des damaligen Präsidenten Werner Welzig, andererseits aber auch eine Konsequenz der Tatsache, dass die stark steigenden Bundesbudgets für For-

schung zumindest teilweise für den Aufbau von Exzellenzeinrichtungen verwendet werden sollten. Die Universitäten steckten
damals noch tief in den Post-1975er-Strukturen und konnten im
Allgemeinen kein geeignetes Umfeld für Spitzenforschung bieten.

Meine Zeit als Präsident der ÖAW stand unter anderen Vor-
zeichen als die eben geschilderten Jahre des Aufbaus. Die Prä-
sidentenwahlen 2006 und ihre bis in den Herbst andauernden
Nachwehen betreffend Gültigkeit oder Ungültigkeit des Wahl-
vorganges hinterließen eine in der Frage der gewünschten Leitung gespaltene Akademie. Diese Problematik ebenso wie die
dringende Notwendigkeit eines harmonisch arbeitenden Präsidiums waren für mich Anlass für die Anstrengung, die Gräben
zuzuschütten und jeder weiteren Polarisierung der Akademie
entgegenzuwirken. Das Bemühen, die Wahlen in das Präsidium
2007 und 2009 so vorzubereiten, dass klare Zustimmungen zu
den gewählten Präsidialmitgliedern erzielt werden konnten, hat
die gewünschten Früchte getragen. Sofort nach der Amtsüber-
gabe hat sich das neue Präsidium im Jahre 2006 einvernehmlich
eine Geschäftseinteilung gegeben, welche Konflikte innerhalb
des Präsidiums auf ein Minimum reduzierte. Diese Feststellung
ist für mich ein willkommener Anlass, meinen Freunden im Präsidium für drei Jahre angenehmer Zusammenarbeit zu danken
und dem neuen Präsidium so viel Harmonie als möglich und
nicht mehr Konfliktaustragung als notwendig zu wünschen.

Zu Beginn meiner Amtszeit, 2006–2007, machte der Rat für
Forschung und Technologieentwicklung die finanziellen Zu-
wendungen an die ÖAW, die aus der Nationalstiftung und den
Offensivmitteln stammten, vom Fortschritt eines begonnenen
Reformprozesses abhängig. Das ÖAW-Budget wurde aus verschiedenen, teilweise unsicheren Quellen gespeist. Ich greife
als Beispiel das Jahr 2006 heraus: Neben dem im Bundesvoran-
schlag enthaltenen ordentlichen Budget, dem Ordinarium in der
Höhe von 40 Mio. Euro, gab es etwa 30 Mio. Euro einmalige

Sonderfinanzierung, und etwa 20 Mio. Euro wurden als Drittmittel rekrutiert. Die tatsächliche Dramatik der Situation geht erst aus der Aufteilung der Mittel auf die Forschungseinrichtungen und die anderen Aktivitäten der Akademie hervor. Für die Forschungseinrichtungen wurden in diesem Jahr rund 50 Mio. Euro aus Bundesmitteln aufgewendet. Ein Ausfall von 30 Mio. Euro bei einem Forschungsbudget von 50 Mio. Euro ist ganz einfach nicht verkraftbar. Der verbleibende Betrag hätte nicht einmal die Personalkosten decken können. Ein Verlust der außerhalb des Ordinariums fließenden finanziellen Mittel hätte unweigerlich den Konkurs des Forschungsträgers Akademie zur Folge gehabt.

Dass eine Notwendigkeit für ein solches Reformvorhaben gegeben war, wurde von fast allen Mitgliedern eingesehen, hatten sich doch die Aufgaben der ÖAW sehr stark gewandelt, und der Forschungsträger Akademie war gegenüber der Gelehrtengesellschaft immer mehr in den Vordergrund getreten. Nicht zuletzt durch die eben beschriebene Expansion war das Akademiebudget stark angestiegen und betrug im Jahre 2006 einschließlich Drittmittel etwa 90 Mio. Euro. Eine Reformkommission hatte sich schon seit einiger Zeit mit Fragen der Reorganisation beschäftigt und Ziele in Hinblick auf eine Vereinfachung der Entscheidungsstrukturen in der ÖAW diskutiert. Eine wichtige Basis für die Reform bildeten auch die Anregungen des Rechnungshofes in seinem Bericht über die Prüfung der Akademie im Jahre 2003,[1] der unter anderem vorschlug, durch eine Reform das Präsidium als Entscheidungs- und Verantwortungsträger zu stärken. Gegen Ende des Jahres 2006 erarbeitete das Präsidium einen Vorschlag für die Reform, welcher unter anderem auch einige Prinzipien der *Corporate Governance* aufnahm und für die Österreichische Akademie der Wissenschaften adaptierte. Dieses Papier wurde

---

[1] Tätigkeitsbericht des Rechnungshofes Reihe Bund 2004/7, Zl.850.029/002-E1/04.

unter Berücksichtigung einiger Änderungsvorschläge der Reformkommission und des Senats der Gesamtsitzung am 22. Juni 2007
vorgelegt und von dieser im Grundsatz gutgeheißen. In den
Sitzungen am 12. Oktober 2007 und am 18. Jänner 2008 wurden
schließlich Änderungen der Satzung und der Geschäftsordnung
der Akademie beschlossen, welche die rechtliche Grundlage für
den Reformprozess bildeten. Mit diesen Schritten und der folgenden Umsetzung der geplanten Reorganisation war die von
außen initiierte Reformdiskussion fürs erste beendet.

Bei dieser Gelegenheit erlaube ich mir, die Eckpunkte der
Reform kurz in Erinnerung zu rufen. Eingerichtet wurden neue
Gremien:

(i)   das **Finanzkuratorium**, ein Beratungsorgan des Prä-
        sidiums mit Aufgaben, die an einen Aufsichtsrat erin-
        nern; seine Mitglieder werden von der Akademie, vom
        Senat der Akademie und vom BMWF nominiert,

(ii)   das **Forschungskuratorium**, ein internationales Bera-
        tungsorgan des Präsidiums in wissenschaftlichen und
        strategischen Fragen, welches auch in die Qualitäts-
        sicherungsmaßnahmen eingebunden ist,

(iii)   eine **Strategie- und Planungskommission,** welche
        das Präsidium in Fragen der Alltagsgeschäfte und auch
        die Gesamtsitzung berät und als ständiger Unteraus-
        schuss die Verbindung zwischen der Gesamtsitzung
        und dem Präsidium bildet, und

(iv)   eine **Junge Kurie**, welche dem Problem der Überalte-
        rung typischer Gelehrtengesellschaften begegnend die
        Aufgabe hat, neue Gedanken in den Wissenschafts-
        und Forschungsbetrieb der Akademie einzubringen.

Im Laufe des Jahres 2008 wurden alle neuen Gremien mit
Ausnahme des Forschungskuratoriums eingerichtet und konstituiert. Die Junge Kurie wurde in der Wahlsitzung vom 18. April 2008

bestätigt. Als letztes neues Gremium wurde das Forschungskuratorium am 3. April 2009 konstituiert. Für alle wissenschaftlichen Einrichtungen der Akademie wurden international zusammengesetzte Fachbeiräte eingerichtet und konstituiert. Bei den in Zentren zusammengefassten Kommissionen und Instituten gibt es die Beiräte auf der Ebene der Zentren, für die Institute und Forschungs-GmbHs der mathematisch-naturwissenschaftlichen Klasse wurden eigenständige wissenschaftliche Beiräte bestellt. Alle Beiräte haben sich bereits konstituiert und ausgezeichnete Arbeit geleistet.

„Wisst Ihr, wie die ÖAW 2008 wird?" – Gedanken zur Akademie heute.

Die gegenwärtige interne Situation der Akademie ist geprägt von Auseinandersetzungen zwischen den einzelnen Gruppierungen, wie sie in einem Reformprozess unvermeidlich sind. Die Rollenverteilung zwischen den neuen und den bereits etablierten Gremien ist noch nicht gefunden. Uns allen ist diese Tatsache aus einigen an Misstönen reichen Gesamtsitzungen in lebhafter Erinnerung. Reibungen gab und gibt es auch in einigen Kommissionen. Die Junge Kurie hat in Fragen, die nur akademieintern zu lösen sind, brieflich die höchsten Stellen des Staates involviert. Das hat der Akademie als ganzes geschadet und der Jungen Kurie nicht genützt. Ein Wort noch an die Junge Kurie, ein Hinweis vielleicht und kein Ratschlag, denn es ist selbstverständlich, dass wir unsere neuen Mitglieder in ihrer Eigenständigkeit voll respektieren: Versetzte ich mich in die Lage des Direktoriums, würde ich versuchen, bei den Wahlen neuer Mitglieder selbständig zu agieren und nach eigenem Urteil die besten jungen Kräfte Österreichs herauszufinden. Der vom FWF und seinen Gremien vergebene Startpreis ist sicher eine sehr hohe Auszeichnung, aber überbewerten sollte man ihn auch nicht. Selbstergänzung ohne

Einflussnahme jeglicher Art ist das höchste Gut der Akademien, und dieses gilt es hochzuhalten. Einiges ließe sich noch anmerken, aber ich glaube, wir sollten die gegenwärtigen Probleme mit den Worten der Anglo-Sachsen als „*Growing Pains*" – Wachstumsschmerzen – verstehen, denn gewachsen ist die Akademie in den letzten Jahren: die Gelehrtengesellschaft durch Einrichtung einer neuen Kurie, die Nachwuchsfördereinrichtung durch zahlreiche neue Stipendienprogramme und nicht zuletzt der Forschungsträger Akademie, wie ich eben ausführlich darlegte. Bei jedem heranwachsenden, gesunden Organismus vergehen die Wachstumsschmerzen, und ich bin überzeugt, die Akademie wird den Ausgleich finden und wieder zu weniger erregenden und weniger erregten Tagesgeschäften zurückfinden. Aus meiner zugegebenermaßen vielleicht nicht ganz objektiven Sicht würde es manchmal schon helfen, anstelle von Geschäftsordnungen und Satzung pragmatisches Denken oder, wie es salopp ausgedrückt heißt, den gesunden Menschenverstand zu Rate zu ziehen.

Die Akademie sieht sich heute einer ganzen Reihe von Konkurrenten um exzellente Grundlagenforschungseinrichtungen gegenüber. Die Universitäten konnten sich durch Umsetzung des Universitätsgesetzes (UG) 2002 Freiräume für Spitzenforschung schaffen, und einige tun dies bereits mit Erfolg. Mit IST Austria wächst ein weiterer noch nicht einschätzbarer Mitbewerber um Finanzierung und um beste Mitarbeiter heran, welchem durch Gesetz bessere Rahmenbedingungen als der Akademie oder den Universitäten zugesichert wurden. Das „*Window of Opportunity*", dessen Ausnutzung die ÖAW ihre heutige Größe und Bedeutung verdankt, ist geschlossen. Alle Konkurrenten der Akademie haben bereits effiziente und Exzellenz fördernde Verwaltungsstrukturen oder sind bestrebt, solche zu entwickeln. Ein Gebot der Stunde scheint mir daher die Intensivierung der Zusammenarbeit mit den anderen Exzellenzeinrichtungen zu sein. In Zeiten finanzieller Schwierigkeiten ist es besonders wichtig, Einrichtungen nicht zu duplizieren, sondern Synergien zu nutzen. Ich freue mich daher besonders darüber, dass die Universität Wien die Zusammenarbeit mit der Österreichischen Akademie der Wissenschaften in ihre Zielvereinbarungen aufgenommen hat und ich meine, wir müssten im Gegenzug die Absicht zur Intensivierung der Zusammenarbeit mit der Universität auch klar in das Strategiepapier der Akademie aufnehmen.

Es erscheint mir wichtig, die Frage nach einer adäquaten Verwaltungsstruktur der Akademie ernst zu nehmen. Sie wird wahrscheinlich zur *Conditio sine qua non* werden, wenn die Einheit von Gelehrtengesellschaft und Forschungsträger auch in Zukunft erhalten bleiben soll. Dem Gedanken, die Spitzeninstitute der Akademie herauszulösen, begegnete ich auf Schritt und Tritt. Zurzeit scheinen Bundesminister Hahn und die hohe Beamtenschaft die gegenwärtige Struktur unter einem Dach zu bevorzugen. Wir wissen nicht, ob das auch in Zukunft so bleiben wird. Der bisherige Verlauf der aktuellen Diskussion über die Akademieverwaltung, den ich im wesentlichen in der Gesamtsitzung und der Strategie- und Planungskommission verfolgt habe, war nur wenig konstruktiv. Eckpunkte der Neugestaltung oder Änderung von Verwaltungsstrukturen müssen sachlich und wohlüberlegt diskutiert werden. Es bringt absolut nichts, Einzelheiten wie eine administrative Leitung der Akademie zu einer Ikone hochzustilisieren oder zu verteufeln. Es gibt hundert und mehr Beispiele im Wissenschaftsbereich sowohl in Österreich als auch im Ausland, sowohl bei Wissenschaftsförderern als auch bei Wissenschaftsträgern, in welchen eine Trennung der Aufgaben einer wissenschaftlichen und einer administrativen Leitung bestens funktioniert, wenn man eine Entscheidungspriorität für die wissenschaftliche Leitung durch den rechtlichen Rahmen garantiert. Erfolgreiche Organisationsformen lassen sich an Hand dieser Beispiele diskutieren und für die spezifische Situation der Akademie anpassen. Eine kleine Anregung möchte ich geben:

Im scheidenden Präsidium haben wir in Klausursitzungen fernab des täglichen Geschäftes auch schwierige Fragen erfolgreich ausdiskutiert. Auch die grundsätzlichen Gedanken zur Akademiereform, in der übrigens auch eine Verwaltungsreform enthalten war, stammen aus einer solchen Klausur und ich glaube, dass die anderen Mitglieder des alten Präsidiums hinsichtlich der Zweckdienlichkeit dieser Vorgangsweise mit mir übereinstimmen. Eine kleine Gruppe kann auch sehr viel leichter als eine große Kommission die wichtigen Grundsätze zu Papier bringen und dann zur Aufnahme von Anregungen den Gremien unterbreiten.

Hohe Akademie, viel wurde in den vergangenen Monaten über die Probleme mit dem Budget der Akademie gesprochen und es erübrigt sich, mehr zu sagen als den Hinweis zu geben, dass wie bereits im Dezember angekündigt, eine Verringerung der Zahl der Akademieeinrichtungen unvermeidlich sein wird. Dessen ungeachtet bringt das vorgesehene Budget 2009 abgesehen von der geringen Steigerung gegenüber 2008 positive Änderungen: Es wird nur mehr aus zwei Quellen gespeist, und die Nationalstiftung trägt heuer nur mehr 5 Mio. Euro bei. Ab dem Jahre 2010 soll das Budget der Akademie, so heißt es, zur Gänze im Ordinarium enthalten sein. Wir werden von diesem Jahr an ein Globalbudget erhalten. Damit ist eine vom Präsidium seit langer Zeit und immer wieder eingeforderte Budgetkonsolidierung erfolgt.

Kontrastiert wurden und werden die geschilderten Schwierigkeiten durch die hervorragenden Leistungen der Forschungseinrichtungen der Akademie. Die alten wie die neuen Forschungsinstitute und Kommissionen leisten ausgezeichnete Arbeit. Es hat auch nicht an sichtbaren Zeichen für die Erfolge gefehlt. Die Drittmitteleinwerbung aus europäischen und österreichischen Quellen wird immer erfolgreicher. Direktoren und Mitarbeiter von Akademieforschungseinrichtungen gewinnen prestigebehaftete und hoch dotierte Preise. Die Wissensbilanz dokumen-

Abschiedsrede des Präsidenten   371

tiert die außerordentlich gute Publikationstätigkeit. Es fehlt auch nicht an Anerkennung durch verschiedene Ehrungen für Akademieangehörige.

Eine kurze Bemerkung zu den Akademie-Stipendienprogrammen: Im Auftrag des Präsidiums wurden sie im Jahr 2008 evaluiert. Die Ergebnisse sind sehr ermutigend. Die Evaluatoren bestätigen der Akademie hinsichtlich der auf Exzellenz bedachten Förderung junger wissenschaftlicher Talente ein Alleinstellungsmerkmal in Österreich. Ausdrücklich gelobt wurde auch die gute Betreuung der Akademiestipendiaten. Das Evaluierungsteam schlägt einen Ausbau der Akademieförderprogramme vor, auf die ich noch im nächsten Abschnitt eingehen werde.

Die Akademie ist überaus erfolgreich im Bereich der Wissensvermittlung tätig: Die Reihen öffentlicher Vorträge werden zusammen mit der *„Junior Academy"*, welche die Vortragenden zu Diskussionsveranstaltungen an die Schulen bringt, mit großem Erfolg weiter fortgesetzt. Die eben zu Ende gegangene Reihe der Auer von Welsbach-Lectures wird im nächsten Jahr mit einer neuen Reihe, den Eduard Suess-Lectures über Fragen der Geowissenschaften, fortgesetzt werden. Symposien für die breite Öffentlichkeit erfreuen sich ungewöhnlich großen Zuspruchs. Mit Erfolg wurden die Musikveranstaltungen im Festsaal wieder aktiviert. Der Pilotversuch zu *„Science Goes School"* wurde erfolgreich abgeschlossen, und die Veranstaltungen werden jetzt zu einer regulären Einrichtung der Niederösterreichischen Bildungsgesellschaft werden: Die Vortragenden, größtenteils Mitglieder unserer Akademie, gehen an Schulen und stehen den Schülern der letzten und vorletzten Klassen nach einem Vortrag auf Schulniveau zu Diskussionen zur Verfügung, in welchen Informationen über Studienwahl und Berufsaussichten vermittelt werden.

Die ÖAW bleibt zwar noch immer hinter anderen Einrichtungen in Hinblick auf erfolgreiche *„Public Relations"* zurück. Das Bild der Akademie in der Öffentlichkeit hat sich aber in den letzten Jahren gewandelt – die Berichte in den Printmedien sind wesentlich freundlicher und inhaltlich besser geworden – es ist nur eine Kleinigkeit, aber sie ist nicht unwesentlich: Es gibt ein Akademiejournal mit Namen „Thema", welches laufend über aktuelle Ergebnisse aus den Einrichtungen berichtet.

„Wollt Ihr wissen, wann das wird?" – **Perspektiven und Visionen.**

Wann wird der Restrukturierungsprozess der Akademie abgeschlossen und die anschließend notwendige Konsolidierungsphase erfolgt sein?

Darauf eine Antwort zu geben ist schwierig bis unmöglich und dennoch, wenn man die gegenwärtige Situation gut ausnützt, kann das Ende der bewegten Zeiten relativ bald kommen. Und dies erscheint mir von vordringlicher Bedeutung, denn nichts ist so effektvoll im Zerstören von Einrichtungen wie „ewige Reformen". Das Beispiel der Universitätsreformen, die schon mehr als dreißig Jahre andauern, ist den meisten von uns geläufig. Es sieht so aus, dass die finanzielle Stabilisierung praktisch schon erreicht ist. Mit dem Abschluss von Leistungsvereinbarungen wird ein weiterer wichtiger Schritt der Konsolidierung gesetzt werden können. Mit einigen Änderungen kann man die Akademieverwaltung im engeren Sinn an die gegenwärtigen Erfordernisse anpassen und, wenn man ein gut ausgearbeitetes Konzept hat, muss dies nicht lange dauern. Die in Angriff genommene, auf Erhalt von Exzellenz und Fokussierung der wissenschaftlichen Inhalte orientierte Redimensionierung des Forschungsträgers Akademie, welche durch die Budgetsituation notwendig wurde, kann sich langfristig sogar sehr positiv für die Leistungsbilanz der Akademie auswirken. Meiner Mentalität entsprechend würde ich rasch handeln und meine Erfahrung ist, dass man Fehler macht, gleichgültig, ob man zügig oder zögernd voranschreitet. Im ersten Fall hat man mehr Zeit, die Fehler zu korrigieren. Wie wird eine neue Akademie am Ende denn aussehen? Auch das kann man nicht wissen, aber eine Vision darf man schon haben, und mit dieser möchte ich meine Rede beenden.

Das gegenwärtige Dreisäulenmodell der Akademie halte ich unter der Voraussetzung für zukunftsträchtig, dass Orientierung auf Exzellenz den gemeinsamen Nenner bildet. Ich beginne mit der Exzellenzförderung. Die Vorschläge der Evaluierungskommission enthalten bereits den Kernpunkt: Förderung von Talenten von möglichst jungen Jahren bis hin zum arrivierten Wissenschafter. In Kurzform kann man dies durch die drei englischen Begriffe „*start*" – Förderung während des Studiums und während der Doktorarbeit –, „*boost*" – Förderung während der Postdoc Zeit durch Programme wie Apart und Apart-Plus sowie durch Juniorprofessuren und „*award*" – neu zu schaffende Akademieprofessorenprogramme für bereits etablierte Wissenschafter nach der Art der Humboldt Awards in Deutschland – ausdrücken. Aus meiner Sicht erfüllt die Akademie alle Voraussetzungen, um in Österreich die tragende Rolle bei der Förderung von exzellenten Personen zu übernehmen – nicht Förderung auf breiter Basis, sondern Unterstützung und Betreuung der Hochtalentierten. Die Kernzone ist bereits durch bestehende Programme abgedeckt. Zu schaffen wären eine Talentförderung für die Frühphase nach Art der Studienstiftung des Deutschen Volkes, mehr Stellen für Juniorprofessoren sowie ein Programm für arrivierte Wissenschafter, um ihnen Gelegenheit zur Ausweitung ihrer Forschungstätigkeit in jeder Hinsicht – Gastaufenthalte an Spitzenforschungseinrichtungen, Zeit zum Verfassen von Büchern, Freiraum für die Entwicklung neuer Forschungsprogramme – zu geben.

Der Forschungsträger Akademie ist schon auf dem richtigen Weg zum ausgesteckten Ziel, eine Mini-Max-Planck-Gesellschaft in unserer Akademie zu beheimaten. Die Internationalisierung der beratenden Gremien ist erfolgt. Da die wissenschaftlichen Beiräte neben der Begleitung der Einrichtungen auch Bewertungen durchführen sollen, kann man, so meine ich, die regelmäßigen Evaluierungen einfacher gestalten, um für die Wissenschafter den Aufwand zu reduzieren. Es fehlt nicht an Beispielen dafür: Ein einfaches, aber effektives Modell ist die Beiziehung von externen Berichterstattern, die etwa alle sechs Jahre den Beiratssitzungen beiwohnen und eine unabhängige Beurteilung durchführen. Allerdings fehlt unseren Einrichtungen immer noch die im internationalen Vergleich adäquate Finanzierung. Wir haben so sorgfältig als möglich eine Hochrechnung durchgeführt, um mit der Max-Planck-Gesellschaft vergleichen zu können. Das Ergebnis war ernüchternd: Wir erhalten zur Zeit nur halb so viel Budget pro Wissenschafter! Wenn wir alle unsere Einrichtungen in die oberste Exzellenzklasse bringen wollen, dann wird dies um einiges mehr kosten.

Die Gelehrtengesellschaft Akademie wird meiner Meinung nach nicht um einiges Nachdenken herumkommen. Viele Fragen stehen im Raum. Wie soll die Junge Kurie in den Wissenschaftsbetrieb der Akademie eingegliedert werden? Wie sieht eine, dem Wissenschaftsbetrieb im 21. Jahrhundert entsprechende Struktur aus? Ich erinnere daran, mein Vorvorgänger im Amt, Werner Welzig, hat in seinem „Auf dem Weg durch die Zeit" betitelten Brief an die Akademie vorgeschlagen, die Klassen ersatzlos zu streichen. Mein Vorgänger, Herbert Mang, hat auf das Ungleichgewicht zwischen der Fächergewichtung in der Akademie und der Wissenschaftslandschaft Österreichs oder anderer europäischer Länder hingewiesen. Im scheidenden Präsidium haben wir in einer Klausur einen gangbar scheinenden kleinen Schritt zur Veränderung der Klassenstruktur diskutiert: Eine Teilung der philosophisch-historischen Klasse in zwei, der mathematisch-naturwissenschaftlichen Klasse in drei Einheiten. Man wird auch darüber nachdenken müssen, wie man den immer wichtiger werdenden, unsere beiden Klassen übergreifenden wissenschaftlichen Vorhaben gerecht werden kann. Mit größter Freude habe ich festgestellt, dass wir bei unseren Vorträgen in der mathematisch-naturwissenschaftlichen Klasse immer mehr Mitglieder aus unserer Schwesterklasse begrüßen dürfen. Dies sollte zur Regel werden und nicht eine Ausnahme bleiben.

Ein Traum von mir besteht in der Verbindung zwischen den drei Säulen unserer Akademie. Wie könnte man die bestehende Exzellenzförderung höchsttalentierter junger Wissenschafter besser ergänzen, als dass man sie als Postdoktoranden-Forscher oder Nachwuchsgruppenleiter in unsere Spitzeneinrichtungen eingliedert. Unsere Mitglieder ließen sich in die Beratung und Betreuung des Nachwuchses ohne Schwierigkeiten noch stärker einbinden als dies jetzt geschieht. Eine Mitarbeit von Akademiemitgliedern an den wissenschaftlichen Vorhaben der Institute ist nicht etabliert. Vor allem die Gruppe der Emeriti, zu der ich in wenigen Wochen gehören werde, bildet ein wichtiges Humankapital, das von unseren Forschungseinrichtungen noch nicht genützt wird. Ich habe einige Freunde, die nach ihrer Emeritierung in Europa in die USA gezogen sind, um dort teilweise oder ganz an einer Forschungseinrichtung tätig zu sein. Warum können wir dies nicht auch bei uns einrichten? Durch eine zwanglose, aber in jeder Hinsicht geförderte Zusammenarbeit von Mitgliedern in unseren Forschungsinstituten würde dann die so oft eingeforderte Brücke zwischen Gelehrtengesellschaft und Forschungsträger quasi von selbst entstehen.

Hohe Akademie, ich kehre zum Anfang zurück, zu den drei Nornen aus der *Götterdämmerung*. Nachdem die Norne „*Wollt ihr wissen, wann das wird"* gesungen hat, beginnen alle drei Nornen am Seilgeflecht zu ziehen und zu zerren, bis das Seil letztendlich reißt und in der Folge alle Götter ihr Ende finden. Genau das gilt es in der Österreichischen Akademie der Wissenschaften zu vermeiden. Die verschiedenen Kräfte – Präsidium,

Gesamtsitzung, Klassen, Strategie- und Planungskommission, Junge Kurie, Kommission für die Geschäftsordnungsänderung, um nur einige der „*Player*" zu nennen – ziehen zurzeit nicht oder zumindest nicht immer in dieselbe Richtung. In Zukunft sollten sie das aber tun, um eine Götterdämmerung zu verhindern und eine gedeihliche Weiterentwicklung der Akademie zu garantieren. Hohe Akademie, Sie haben die neuen Präsidialmitglieder mit großen Mehrheiten gewählt. Unterstützen Sie sie jetzt voll und ganz in der sicherlich nicht einfachen Arbeit des Präsidiums und bieten Sie nach innen und nach außen das harmonische Bild einer in sich konsolidierten Akademie.

An dieser Stelle möchte ich meinen drei Kollegen im Präsidium den Dank aussprechen für drei Jahre einer angenehmen Zusammenarbeit. Natürlich waren wir nicht immer einer Meinung, aber das Bewusstsein einer kollektiven Verantwortung für die Akademie war immer stärker als die unvermeidlichen Zentrifugalkräfte. Herzlichen Dank für ein gutes und konstruktives Klima der Zusammenarbeit!

Im Namen des gesamten Präsidiums darf ich Dankesworte aussprechen. Alle Akademieangestellten haben sich redlich bemüht, die nicht leichten Aufgaben zu lösen. Alle Mitarbeiter unserer Forschungseinrichtungen haben durch ihre unermüdliche Arbeit die Basis für den Erfolg der Akademie geschaffen. Dafür sei ihnen herzlich gedankt! Ihnen allen, hohe Akademie, danken wir für Ihre Unterstützung und für Ihre stete Bereitschaft, den Weg einer umfangreichen Akademiereform mit uns gemeinsam zu gehen. Ich bin autorisiert, mich im Namen aller drei ausscheidenden Präsidialmitglieder zu verabschieden: Der Herr Generalsekretär war vierzehn Jahre ohne Unterbrechung Präsidialmitglied, der Herr Vizepräsident sechs Jahre und ich drei plus drei Jahre mit Unterbrechung. Den Abschied will ich mit meinem Lieblingszitat aus dem *Rosenkavalier* ausdrücken – die Marschallin sagt zu Octavian:

Abschiedsrede des Präsidenten 377

„Leicht will ich's machen dir und mir. Leicht muss man sein, mit leichtem Herz und leichten Händen halten und nehmen, halten und lassen. Die nicht so sind, die straft das Leben, ..."

Herzlichen Dank an alle für die gute Zusammenarbeit. Alles Gute und viel Freude!